黄河鱼类中痕量金属的生物富集特征及潜在风险

Bioaccumulation Characteristics and Potential Risks of Trace Metals in Fish from the Yellow River

潘保柱 李典宝 王韬轶 著

科学出版社

北京

内 容 简 介

痕量金属，尤其是重金属，对水体造成的污染成为全球备受关注和担忧的水环境问题之一。水体中痕量金属一旦达到一定浓度，就会对环境产生负面影响，甚至危及人体健康。本书以黄河源区至入海口整个干流为研究区域，以水体、悬浮物、沉积物及鱼体组织中痕量金属为研究对象，结合流域土地覆盖和社会经济要素，对黄河水环境中痕量金属在大空间尺度下的分布特征及其污染风险、鱼体累积、人类食用健康风险及人类活动对其浓度分布的影响等方面进行了全面、系统的研究。研究成果可为黄河痕量金属污染来源分析与水环境保护提供数据支撑；为黄河渔业资源及多样性保护、人类健康风险提供指导和建议。

本书可为科研院所和高等院校环境科学、生态毒理学等专业及环境生物学、污染物环境监测、化学品控制与管理方向的研究人员和技术人员提供参考。

图书在版编目（CIP）数据

黄河鱼类中痕量金属的生物富集特征及潜在风险 / 潘保柱，李典宝，王韬轶著. —北京：科学出版社，2022.10

ISBN 978-7-03-073319-1

Ⅰ.①黄… Ⅱ.①潘… ②李… ③王… Ⅲ.①黄河流域-鱼类-痕量金属-生物富集-研究 Ⅳ.①X522

中国版本图书馆 CIP 数据核字（2022）第 182663 号

责任编辑：杨新改 / 责任校对：杜子昂
责任印制：吴兆东 / 封面设计：东方人华

科 学 出 版 社 出版
北京东黄城根北街 16 号
邮政编码：100717
http://www.sciencep.com

北京中石油彩色印刷有限责任公司 印刷
科学出版社发行　各地新华书店经销

*

2022 年 10 月第 一 版　开本：720×1000　1/16
2023 年 8 月第二次印刷　印张：12
字数：250 000

定价：108.00 元
（如有印装质量问题，我社负责调换）

前　言

　　黄河作为中华文明最主要的发祥地，其自西向东流经9省（区）70多个地区（州、盟、市），流域内自然和地理条件各不相同，纵贯山地、高原、草原、平原等，覆盖有我国重要的农业灌溉区和工业带。黄河流域以仅占全国2%的径流量，承载着全国15%的农业用水，容纳近8%的废污水，提供12%的人口用水，同时担任着生态调控与维持的重任，为社会经济发展和生态环境保护做出重要贡献。当前，黄河流域生态保护和高质量发展更是被提升到国家战略层面。随着社会经济发展，在全球气候变化和人类活动的共同作用下，流域生态环境状况出现了诸多问题。如水资源短缺，人均水资源占有量低，水资源承载力超载等。流域内局部水污染、渔业资源及物种多样性下降、水生态系统结构和功能的改变等问题和流域发展还存在着诸多矛盾。

　　黄河为典型的多泥沙河流，而泥沙较大的比表面积，往往成为水体中痕量污染物的主要载体，其沉降、吸附、再悬浮使污染物释放，这在很大程度上决定着污染物在水体中的迁移、转化和生物效应等，使得水环境中污染物形式和种类复杂多变，在污染效应评价方面有一定困难。受流域内工农业活动的影响，黄河悬浮物和沉积物中的痕量金属等污染物在部分河段具有高污染水平，其毒性及对生态环境的负面影响不容忽视。

　　黄河历史上渔业资源丰富，中下游、河口曾是一些洄游性鱼类的栖息地。近几十年来，随着黄河流域工农业高速发展和人口的剧增、水电开发、过度捕捞、外来种入侵以及局部水污染问题，导致以鱼类为代表的水生生物资源量和物种多样性都出现了急剧下降趋势，且群落结构逐渐趋于简单化。黄河流域自然生态功能退化，水生生物资源量、多样性降低，进而使得流域内水资源承载力下降，水生态系统物质循环、能量流动和服务功能减弱等促使水生态系统的稳定和平衡受到负面影响，不利于流域生态保护和社会经济的可持续发展。

　　鉴于此，作者课题组以黄河源区至入海口整个干流为研究区域，以水体、悬浮物、沉积物及鱼体组织中痕量金属为研究对象，在气候变化和人类活动加剧的背景下探讨黄河干流水库-河流系统中痕量金属分布特征、鱼体累积及人类食用健康风险等。同时，结合流域内土地覆盖和社会经济要素来探讨人类活动对黄河干流痕量金属分布的影响，以期系统地回答"黄河干流各环境介质及鱼体组织中痕量金属分布现状和污染风险如何？痕量金属在鱼体的生物富集效应如何？宏观尺度上，流域内人类活动与水环境中痕量金属污染之间的关系又如何？"等科学问题。研究成果将为黄河痕量金属污染来源分析与水环境保护提供理论支撑；为黄河渔业资源及多样性保护，人类健康风险提供指导及建议；进一步促进黄河流域水生态系统结构、功能的完整性和稳定性，为流域生态环境保护和社会经济高质量发展提供基础数据。

本书由潘保柱、李典宝组织策划、统稿，是作者课题组近些年的主要研究成果总结，是集体的智慧结晶，是大家共同努力的结果。潘保柱、李典宝和王韬轶负责主要撰写和修订工作。王雨竹、杜蕾、李晨辉、卢悦、何一凡和张咪等参与了室内实验与分析工作。同时，在研究的开展过程中，得到了李鹏、郑兴、徐国策、肖列、唐文家、朱维晃、樊荣、梁高道、蒋小明、陈亮和王俊等研究人员的支持。在本书的写作过程中，也得到了许楠、孙卫玲、李明、张玮等研究人员的指导与帮助，在此一并表示感谢。

感谢国家自然科学基金重点项目（51939009）、优青项目（51622901）和西北旱区生态水利国家重点实验室的资助。再次向所有参与相关研究工作的老师、学生表示感谢，同时也向关心、支持我们完成相关工作的单位领导、同事表示衷心的感谢，正是所有这些人的辛勤工作才使本书最终得以出版。

由于作者水平有限，书中疏漏和不足之处在所难免，恳请读者批评指正。

作 者

2022 年 8 月

目 录

前言
第1章 绪论 ··· 1
  1.1 河流中痕量金属污染状况 ··· 1
    1.1.1 河流中痕量金属来源途径及污染特征 ······························ 1
    1.1.2 国内外河流中痕量金属污染现状 ···································· 4
  1.2 痕量金属在鱼体累积及潜在风险 ····································· 13
    1.2.1 痕量金属在鱼体的累积特征 ·· 13
    1.2.2 痕量金属毒性及鱼类食用健康风险评价 ·························· 16
  1.3 黄河流域概况及其生态安全重要性 ·································· 18
  1.4 黄河痕量金属污染与鱼体累积研究进展 ··························· 24
    1.4.1 黄河水环境中痕量金属污染研究 ·································· 24
    1.4.2 黄河鱼类对痕量金属生物富集及其食用风险 ···················· 26
  1.5 黄河流域痕量金属污染及风险管控科技需求 ····················· 27
  参考文献 ·· 28
第2章 研究区域与方法 ·· 38
  2.1 研究区域 ··· 38
  2.2 研究方法 ··· 39
    2.2.1 区域划分及人类活动相关数据获取 ······························· 39
    2.2.2 环境样品采集及痕量金属浓度测定 ······························· 43
    2.2.3 鱼类食性划分及稳定同位素比值测定 ···························· 47
    2.2.4 痕量金属生物富集及风险评价 ···································· 48
  参考文献 ·· 51
第3章 黄河干流水环境中痕量金属空间分布特征 ······················ 54
  3.1 水环境中痕量金属浓度 ·· 55
  3.2 水环境中痕量金属空间分布特征 ····································· 58
    3.2.1 水体中痕量金属空间分布特征 ···································· 58
    3.2.2 悬浮物中痕量金属空间分布特征 ································· 60
    3.2.3 沉积物中痕量金属空间分布特征 ································· 63
  3.3 黄河水环境中痕量金属浓度空间分布差异分析 ·················· 69

3.4 不同粒径沉积物中痕量金属元素含量及分布 ·············· 70
  3.4.1 黄河干流沉积物粒径分布 ·············· 70
  3.4.2 不同粒径沉积物中痕量金属元素含量及分布 ·············· 71
3.5 水环境介质中痕量金属污染风险 ·············· 74
  3.5.1 水体痕量金属元素污染评价 ·············· 74
  3.5.2 悬浮物中痕量金属元素污染风险评价 ·············· 74
  3.5.3 沉积物中痕量金属元素污染风险评价 ·············· 76
  3.5.4 黄河水环境介质中痕量金属污染风险时空差异 ·············· 78
3.6 小结 ·············· 79
参考文献 ·············· 80

第 4 章 黄河鱼类肌肉中痕量金属富集及健康风险评价 ·············· 84
4.1 黄河所采集鱼类基本生物学与生态学信息 ·············· 85
4.2 鱼类肌肉中稳定同位素及痕量金属浓度 ·············· 88
4.3 鱼类肌肉对痕量金属的生物富集及影响因素 ·············· 96
  4.3.1 生物富集系数 ·············· 96
  4.3.2 鱼类肌肉中痕量金属浓度的影响因素 ·············· 97
4.4 黄河鱼类肌肉食用风险评价 ·············· 106
4.5 小结 ·············· 110
参考文献 ·············· 110

第 5 章 黄河鱼类中痕量金属生物富集的组织特异性 ·············· 114
5.1 鱼体组织对痕量金属的富集特征 ·············· 115
  5.1.1 鱼体组织中痕量金属浓度 ·············· 115
  5.1.2 鱼体内痕量金属生物富集的组织差异 ·············· 116
5.2 鱼体组织对痕量金属富集的影响因素 ·············· 124
  5.2.1 生物富集系数 ·············· 124
  5.2.2 鱼类组织与环境介质中痕量金属的相关性 ·············· 128
5.3 小结 ·············· 135
参考文献 ·············· 135

第 6 章 痕量金属在黄河受威胁鱼类中生物富集特征及潜在风险 ·············· 139
6.1 黄河所采集的受威胁鱼类空间分布 ·············· 141
6.2 鱼类稳定同位素及组织中痕量金属浓度 ·············· 143
6.3 痕量金属在鱼体的富集特征及潜在风险 ·············· 150
  6.3.1 生物富集系数 ·············· 150
  6.3.2 潜在毒害风险评价 ·············· 153
6.4 小结 ·············· 156

参考文献 ·· 156
第 7 章　人类活动对黄河水环境及鱼类中痕量金属的影响 ········· 159
　7.1　黄河流域土地利用和社会经济状况 ···································· 160
　7.2　人类活动对水环境中金属浓度分布的影响 ··························· 162
　　　7.2.1　水环境介质中痕量金属浓度因子分析 ························· 162
　　　7.2.2　人类活动与水环境和鱼类中痕量金属之间的关系 ············ 166
　7.3　小结 ·· 176
　　参考文献 ·· 177
附录 ·· 180
　附录 1　国外部分主要河流水系水体、悬浮物和沉积物中痕量
　　　　　金属数据文献来源 ·· 180
　附录 2　中国七大河流水系水体、悬浮物和沉积物中痕量金属
　　　　　数据文献来源 ·· 182

第1章 绪　　论

1.1　河流中痕量金属污染状况

1.1.1　河流中痕量金属来源途径及污染特征

河流作为一个开放的连续体，其承载着陆源物质向海洋的输送，是陆地和海洋生态系统连接的纽带和通道（Zhang et al.，2019）。同时，河流本身作为一个生态系统，也有着生态作用与功能。人类文明诞生并孕育于此，是动植物生长繁衍的栖息地，是工农业用水、居民饮水之源，可促进大自然的水循环，对维持气候变化及人类生产、生活起着重要作用（Grizetti et al.，2016；Böck et al.，2018）。随着工农业的发展和社会经济的进步，生产规模的扩大，用水方式的改变，用水需求的增加以及众多水利工程的建设使得河流水污染加剧，水资源承载力下降，水生态结构和功能发生改变（Chen et al.，2019；Revenga & Tyrrell，2016）。

河流痕量金属污染就是当前面临的一个重大生态环境问题，主要是由人类活动造成的，来源和途径主要有以下几个方面。

（1）矿产资源开发、工业生产中的排放：我国作为矿产大国，采矿过程中产生的痕量金属排放不容忽视。矿产加工及工业生产过程如电镀、金属冶炼等会产生较多金属，尤其是有毒有害的重金属，随着废水、废气以及固体废弃物的排放，最终进入河流。

（2）农业生产过程中的排放：作为农业大国，我国农业生产规模巨大，农药、化肥的使用过程中，有较多的金属如 Cu、Zn 和 Pb 等进入土壤，最终通过地表径流和下渗进入河流等水体。

（3）交通运输过程中排放：交通运输作为国民经济的基础产业，也会带来金属污染。车辆行驶过程中带起的扬尘，汽车油料中所含的金属通过尾气排放，以及车辆轮胎等机械磨损带来的金属最终也会进入水体造成一定的污染。

（4）城镇排放：人类作为社会经济生活中的主体，每天的生活、生产活动会产生含金属的废水、废气及固体废弃物的排放，这一来源较多的是进入河流，成为河流痕量金属污染的主要来源之一。

（5）大气和雨水沉降：工业、交通等人类活动产生的含金属的废气、颗粒物等进入大气中，通过干、湿沉降的方式进入地表。

（6）自然源：如基岩侵蚀、风化，火山喷发等自然地质活动过程中产生的。

痕量金属与其他元素一样，也会经历如上述的自然源排放。当地球内部的岩浆上升到地表形成岩石时，或者通过其他地质源（如火山喷发）进入到地球环境就开始了痕量金属元素的自然循环，参与到地球的非生物和生物组分之间的迁移转化过程中（Thorne et al.，2018）。非生物成分之间的运输可能通过大气、颗粒物沉降，通过地表径流或是直接排放进入河流后，大部分被泥沙等悬浮颗粒物吸收、沉积进入沉积物中，后续部分会经过泥沙再悬浮释放进入水体，另外一些会随着泥沙淤积而沉积（Zhang et al.，2017）。据报道，水生态系统中90%以上的金属负荷与悬浮颗粒物和沉积物有关（Zheng et al.，2008；Amin et al.，2009）。痕量金属尤其是重金属，它们在环境中具有毒性且不易降解，只能在不同介质中进行迁移及形态间的相互转化（Li et al.，2020）。还有部分金属存在于水体、悬浮物中，水生生物通过吸附、摄入等方式对其进行生物富集。痕量金属如Cu、Zn和Mn等虽为某些有机体的必需元素，但其在机体内超过一定量时，也会产生毒害作用（Subotić et al.，2013；Gu et al.，2017）。大部分有毒金属如Pb、Hg和As等，即使较低的浓度，当在有机体内积累的金属负荷超过生物体可承受的阈值时就会对有机体产生危害，同时会随着食物链/网的传递产生生物浓缩和毒性放大作用，最终也会影响到人体健康（Gu et al.，2015；Abdel-Khalek et al.，2016）。近年来，人类活动已极大地改变了局部、区域和全球范围内的一些元素的生物地球化学循环。由于痕量金属几乎普遍存在于诸如煤炭和矿石等工业原料中，因此在使用时可能会大量释放进入环境中（Thorne et al.，2018）。如Cu和Zn向大气中的输送源主要来自于生产过程中产生，近年来Cu和Zn向大气中的排放量有减少的趋势，这主要归因于生产过程中污染控制技术的进步。金属从地下转移到人工建设的基础设施的过程中，即从矿石到大规模储存和运输及应用都会增加向环境中的排放风险。尽管一些金属可能会通过废物回收利用，但这并不一定会减轻对较为集中分布的原矿石开采的负担（Rauch & Pacyna，2009）。

河流中的痕量金属来源广泛，主要还是以人类活动产生为主。金属进入水体后，主要以溶解态、悬浮态、沉积态及生物态（生物体内富集）存在。同时各态之间会发生一系列的迁移转化，因而，金属在河流环境、生物中的分布会受到众多因素的影响。从外部来源来看，各类工农业、经济发展等人类活动，尤其是与金属相关生产活动对河流金属的输入起着决定性作用，属于宏观层面的外部因素。在工业活动中，矿山开采和金属冶炼是河流金属的重要来源（Viers et al.，2009），因而矿产资源的分布及其生产量与环境中金属息息相关。从全球来看，以Ni、Cu和Pb-Zn矿产资源为例，其在世界范围内分布广泛（Northey et al.，2017）。Cu和Pb-Zn矿产资源主要分布于美洲西部、非洲南部、欧洲西部、亚洲西南部和澳大利亚；Ni矿则主要分布于北美西南部、南美东部、欧洲北部、非洲南部以及大洋洲地区（Northey et al.，2017）。

矿产资源开发、投入生产后或多或少地会向环境中排放，因而有必要明晰矿产资源生产量的分布状况。对美国地质调查局公布的 2017 年世界矿产资源生产量分析发现：至少某一种痕量金属矿产资源生产量占世界总量大于 10%的国家有 16 个，除北美洲和南极洲外其他洲均有分布；至少有两种矿产资源生产量占比大于等于 10%的国家有：中国 [Fe（14.9%）、Zn（35.2%）、Cd（32.3%）、Sb（71.5%）、Ba（36.9%）和 Pb（46.9%）]，澳大利亚 [Mn（16.0%）、Fe（36.5%）和 Pb（10.0%）]，南非 [Cr（46.2%）和 Mn（31.2%）] 和秘鲁 [Cu（12.3%）和 Zn（11.8%）]；其他国家中，智利和菲律宾分别在 Cu（27.5%）和 Ni（16.9%）生产量上占比相对较高（USGS，2019）。就我国而言，矿产资源重点开采区和勘察区主要分布在东南部。全国可以划分成 26 片重点成矿区带且其呈复合矿带分布，铁、锰、铜、铝、铅、锌、镍矿等是我国的重点矿种（宋相龙等，2017）。

人类的生产活动加剧了环境中金属污染，而金属相关的企业生产、冶炼等工业活动可能是河流中金属污染的一个重要来源。根据 2018 年国际工业统计年鉴（UNIDO，2018）提供的数据（2014 年和 2015 年数据），对金属相关国家工业企业数量进行了归纳（其中部分工业大国如美国、日本、英国等未收集到数据）。从收集到的数据来看，欧洲和亚洲国家痕量金属相关工业企业分布较多。中国、印度和南非贵金属及其他有色金属企业数占较大比重，分别为 7050 个、1699 个和 1447 个；有色金属铸造企业在意大利（878 个）、印度（543 个）和德国（440 个）分布较多；结构金属制品企业数量前三位分别为墨西哥（53 021 个）、意大利（31 122 个）和沙特阿拉伯（17 231 个）。

环境中金属的浓度必然受到排放通量的影响，矿产资源的开采、加工及其在工农业中的后续应用促进了生物地球化学循环中金属浓度的增加，土壤、大气中的金属会有部分进入河流等水体（Ali et al.，2019）。因而在全球范围内进行痕量金属自然排放和人为向土壤、大气、水体排放通量的评价对执行国际减排协定及金属元素生物地球化学循环研究有重要意义（Thorne et al.，2018；Pacyna et al.，2016）。对于大多数金属来说，人为排放当前已超过自然排放，人为排放量最大的是向土壤的排放，其次是向水和大气的排放（表 1-1）。一些典型金属如 Pb、Zn、Cu、Sn 和 Cr 的人为排放通量大于 1×10^6 t/a。Hg、Cd、Se 和 Sb 的排放总量相对较低，均在 1×10^5 t/a 以下。对于 Hg、As、Se 和 Sb，人为向水体的排放占排放总量的比例大于 30%，Se 甚至接近 50%（0.47），即水体成为这些金属排放的主要受纳区。同时，排放进入大气中的金属又会通过大气沉降、降雨等形式进入土壤、河流、湖泊等水体。进入土壤中的金属也会通过地表径流、农业灌溉排水、地下入渗等形式进一步进入水体。

表 1-1 排向环境中全球金属通量（Thorne et al., 2018；Pacyna et al., 2016）（10^3 t/a）

痕量金属	自然排放	人为排放				水体/总量
		大气	水体	土壤	总量	
Hg	2.5	2.0	4.6	8.7	14.9	0.31
Pb	12.0	119.3	138.0	796.0	1053.3	0.13
As	12.0	5.0	41.0	82.0	128.0	0.32
Cd	1.3	3.0	9.4	22.0	34.4	0.27
Zn	45.8	57.0	226.0	1372.0	1655.0	0.14
Cu	28.0	25.9	112.0	955.0	1092.9	0.10
Se	9.3	4.6	41.0	41.0	86.6	0.47
Sb	2.4	1.6	18.0	26.0	45.6	0.39
Sn	44.0	14.7	142.0	896.0	1053.7	0.13
Cr	317.0	11.0	262.0	1670.0	1943.0	0.13
Mn	30.0	95.3	113.0	325.0	533.3	0.21
Ni	26.0	240.0	12.0	132.0	384.0	0.03
V	3.0	2.6	11.0	88.0	101.6	0.11

金属进入河流后，其形态以及在各介质间的分布会受到很多因素的影响。如 Cr^{3+} 进入水体后，在低 pH 条件下易与机质络合形成配合物，当 pH 在 4~7 之间时，Cr^{3+} 逐渐沉淀，因而在天然水体中，Cr^{3+} 在沉积相中含量较高（戴树桂，2006）。另外水环境中有机质含量、氧化还原电位、溶解氧和离子浓度等都会影响到金属的分布和迁移转化（Rodriguez-Iruretagoiena et al., 2016a, 2016b; He et al., 2016）。水体悬浮颗粒物的絮凝作用也会促进金属的吸附。以黏土占主导的絮凝体尺寸可达 120 μm，沉降速度可达到 0.58 mm/s，这意味着当一些金属被吸附后，在几个小时或更短的时间内就会沉积到河床中（Li et al., 2020）。综上，河流中金属的浓度与分布受到内因和外因的共同作用，对其综合影响因素的研究有助于金属排放管控和河流的修复与管理。

1.1.2 国内外河流中痕量金属污染现状

痕量金属，尤其是重金属进入环境后，因其难降解特性，长期存在于环境介质中。河流作为金属元素流动的一个通道和受纳体，其生态健康也会受到金属污染程度的影响。自然源和各种人为源的金属排放以及从土壤向河流中迁移，悬浮颗粒物的吸附及随泥沙的沉积，使得金属在河流水环境不同介质中形成一定的分布格局。

表 1-2 显示了通过评价得出的全球与河流水环境相关的不同介质中部分典型金属的平均浓度。Cu、Zn、Fe、Ni 和 Al 在陆相沉积物中的含量略高于土壤中的含量，陆相沉积物及河流悬浮物中金属（除 Ag）浓度显著高于河流溶解态浓度（$p<0.05$），说明河流悬浮颗粒物对金属的吸收和沉积起着主导作用。

表 1-2　全球不同介质中部分典型痕量金属平均浓度

介质类型	Cu	Zn	Fe	Pb	Ag	Ni	Cr	Al	文献来源
土壤	39	48	33 000	27	2.6	25	130	62 000	(Bleise et al., 1999; Han et al., 2002)
陆相沉积物	40	65	40 000	17	1.1	40	74	71 000	(McLennan, 1995; Bleise et al., 1999)
河流（悬浮颗粒物）	100	250	48 000	35	0.07	90	100	89 000	(Lisitsyn et al., 1982; Martin & Whitfield, 1983; Martin et al., 1993; Poulton & Raiswell, 2002)
河流（溶解态）	1.5	0.6	53	0.055	0.3	0.65	0.85	81	(Martin & Whitfield, 1983; Martin et al., 1993; Gaillardet et al., 2005)

注：土壤、陆相沉积物（区别于海洋沉积物）、河流（悬浮颗粒物），mg/kg；河流（溶解态）指过滤后的水样，μg/L。

河流水体金属污染已成为全球性的环境问题，引起了政府和公众的极大关注。自 1990 年以来，政府机构开始关注金属污染并制定了污染控制的政策。如欧洲联盟要求对城市废水进行收集和处理，禁止对向地表水直接排放；欧洲立法规定了有序的废弃物处理程序等。研究发现，到 21 世纪 10 年代，全球地表水中的一些金属浓度有所降低，如 Cd、Pb、Zn、Ni 在 20 世纪 90 年代均值分别为 39.2 μg/L、257.6 μg/L、1948.7 μg/L、159.5 μg/L，到 21 世纪 10 年代，分别下降到 25.3 μg/L、116.1 μg/L、1180.1 μg/L、81.0 μg/L；但与世界卫生组织（WHO）和美国环境保护署（USEPA）规定的标准相比，6 种金属（Cd、Pb、Cr、Hg、Ni 和 Mn）浓度在 20 世纪 90 年代和 21 世纪初均高于标准阈值，而在 21 世纪 10 年代达到了 10 种（增加了 Zn、Al、Fe 和 As）（Zhou et al., 2020）。全球河流水体中的金属浓度在 20 世纪 70~80 年代较低，而在 20 世纪 90 年代~21 世纪 10 年代则相对较高，表明从 20 世纪 70 年代到 21 世纪 10 年代河流金属污染程度有所加重（Zhou et al., 2020）。从 1972~2017 年世界五大洲 172 条河流水体 11 种金属平均浓度分布来看，不同金属的平均浓度在五大洲的分布有所差异（Zarazua et al., 2006; Beltaos & Burrell, 2015; Reiman et al., 2018; Zhou et al., 2020）。总体而言，Al 和 Fe 元素在除南美洲以外的四个洲均有较高的浓度；若排除 Al 和 Fe，与非洲、亚洲和南美相比，欧洲和北美的金属浓度相对较低。如 Cd、Pb 和 Cr 元素浓度在五大洲的排序为南美＞非洲＞亚洲＞欧洲＞北美。研究指出五大洲的主要金属来源有所差异：农药和化肥的使用以及岩石风化在非洲占主导地位，采矿和制造业以及岩石风化在亚洲和欧洲占主导地位，采矿和制造业以及农药化肥的使用是北美的主要来源（Zhou et al.，2020）。整体而言，采矿和制造业、农药和化肥的使用、岩石风化以及废、污水排放是造成河流中大部分重金属污染的主要来源。就当前研究结果来看，金属污染可能对南美洲、亚洲和非洲造成了较高的公共卫生风险，这些区域需要尤为关注。绿色能源的开发与应用，制定并执行严格的金属排放标准，限制工业产品及农药化肥中金属添加量以及加强金属污染废物的预处理等措施可能是未来有效地控制水环境中金属污染的重要举措。

通过文献统计获得国外部分主要河流水系水体、悬浮物和沉积物中 Cr、Mn 和 Fe 等 9 种典型金属的浓度（表 1-3，文献见附录 1）。在所选择的九大河流水系中，水体金属浓度显著低于悬浮物和沉积物，悬浮物和沉积物中大部分金属含量无显著差异。相对而言，Mn、Fe 和 Zn 在这三种介质中都是含量最高的元素。与世界卫生组织和欧盟饮用水水质标准相比，除 Pb（饮用水标准为 10 μg/L）外，其他金属浓度都低于其标准限值。总体推断，世界大部分主要河流水体金属污染水平不高，但 Pb 的水体污染需要我们关注。水体中的金属除了以溶解性状态存在，更主要的是通过一系列的循环过程如吸附、沉降等迁移至悬浮物和沉积物中。因而，悬浮物和沉积物中就赋存了相当高的金属含量。表 1-3 也显示出悬浮物和沉积物中金属含量远远高于水体。沉积物作为河流中许多污染物的主要汇集介质，其中大多污染物含量相对稳定。因而，沉积物中的金属含量更能反映出实际的污染状况。鉴于河流金属来源复杂，不同地区产业结构、经济发展水平差异，以上选择的部分大河沉积物中金属含量具有较大的空间差异，但整体浓度较高，这也反映了沉积物中金属污染是淡水环境的一个普遍现象。以上河流水系基本具有较大的空间跨度，因而各介质中金属含量大具有较大的变化范围，这也说明了金属污染具有空间差异性，这显然和金属元素的自然分布以及人类活动的参与密不可分。尽管数据不能做到全面反映世界河流的真实状况，但我们据此可以推断的是世界河流水系中金属污染状况不容乐观，尤其是重金属污染。

在我国，随着近几十年工业化、农业现代化快速发展和城市扩张，金属矿物的开采和冶炼，汽车尾气和废物焚烧的排放，大气中金属通过干湿沉降等过程进入河流，使得水生态环境受到污染。由于我国工业发展进程的加快，对金属矿物相关资源的利用量大，这也进一步导致向环境中排放的金属量加大。从先前研究中对 1972～2017 年中国 70 条河流中金属含量统计发现，中国河流水体中 Fe、Mn、Zn 含量相对较高，平均浓度分别为 405.1 μg/L、118.5 μg/L、73.3 μg/L；Cd、Ni 和 Co 平均浓度均小于 10 μg/L 且无显著差异（$p>0.05$）；Pb、Cr、Cu 和 As

表 1-3 国外部分主要河流水系水体（μg/L）、悬浮物（mg/kg）和沉积物（mg/kg）中痕量金属浓度分布（平均值±标准差，范围）

河流	介质		Cr	Mn	Fe	Ni	Cu	Zn	As	Cd	Pb	文献（发表年份）
尼罗河	W	M±SD	25.5±31.6	106.5±58.3	911.7±685.3	11.7±9.4	21.6±8.7	40.1±29.5	5.3±4.4	3.0±2.8	17.5±10.6	[1] (2017), [2] (2010), [3] (1990)
		范围	3~88	30~298	199~2 211	1~33.1	10.0~50.5	10~115	1.2~18.2	0.2~8.1	5.0~51.4	
	SPM	M±SD	96.2±14.1	1 313±246	24 100	88.4±6.7	85.8±21.9	82		8.6±1.1	142.4±44.6	[4] (1987), [5] (1997)
		范围	79~114	1 048~1 715		81~99	62~125			7~10	87~204	
	S	M±SD	159.5±84.5	908.5±671.4	42 196±20 381	48.0±24.7	30.5±30.6	77.3±41.0	2.5±3.2	4.6±4.3	22.8±33.5	[6] (2019), [7] (2020)
		范围	8~494	44.3~4 490.0	2 980~72 000	2.6~87.5	0.03~101	3.9~250.0	0.3~14.5	0.01~13	1.1~113.0	
叶尼塞河	W	M±SD	3±2	7±2	81±20	0.5±0.1	4±2	12±2			0.1±0.1	[8] (2009)
	S	M±SD	19.8±7.6	351.6±417.2	11 927±19 912	31.0±6.5	13.5±6.2	74.1±31.6	3.1±0.8	0.8±0.3	12.7±11.1	[9] (2015), [10] (2006)
		范围	8.5~30.1	8~2 189	100~66 700	22.7~41.7	6.5~32.5	45.2~135.3	2.3~5.4	0.3~1.3	3.3~38.3	
鄂毕河	W	M±SD	0.5±0.1	9.5±9.6	119.7±84.9	5.4±0.7	3.0±0.2	1.4±0.3		0.03±0.02		
	SPM	M±SD	87.4±34.6	2 323.9	43 890	42.9±14.0	39.3±10.1	156.5±52.5	45.4±24.5		23.3±11.11	[11] (2004)
		范围	76~180			49~68	36~54	148~298	17~111		30.0~45.0	
	S	M±SD	14.3±7.3			14.8±7.4	8.8±5.0			0.1±0.0	6.0±2.8	[12] (1997)
		范围	2.8~23.4			3.2~24.4	1.4~15.3			0.1~0.2	1.5~10.2	
湄公河	W	M±SD	0.1±0.0			0.5±0.1	0.8±0.2	25.0±22.2	1.5±0.1	0.01±0.00	0.09±0.08	
		范围	0.01~0.98			0.4~3.7	0.6~3.6	4.9~72.3	0.8~2.6	0.01~0.02	0.01~0.80	
	SPM	M±SD	35.5±10.6	670.1±327.6	39 680±13 170	27.7±7.6	35.6±17.4	227±136	22.9±1.5	0.2±0.0	30.2±6.1	[13] (2017)
		范围	18.0~61.6	85~1 148	15 105~58 989	12.1~43.4	13.9~92.1	92~575	21.4~25.2	0.2~0.3	16.0~39.0	
	S	M±SD	67.6±13.4	953.3±273.4	39 894±8 173	34.1±8.6	26.6±8.2	152.4±44.1	16.1±3.6	0.2±0.1	24.0±5.6	
		范围	24.5~87.5	287~1 328	19 808~49 924	13.4~47.7	7.1~36.2	64~256	8.4~20.8	0.1~0.3	12.2~30.6	

续表

河流	介质		Cr	Mn	Fe	Ni	Cu	Zn	As	Cd	Pb	文献（发表年份）
勒拿河	W	M±SD		17.2±21.9	112.1±86.5	0.7±0.2	1.3±0.6	1.7±1.2	0.3±0.2	0.01±0.01	0.14±0.12	[14] (2005), [15] (1993), [16] (1996)
		范围		3.9~80.9	36.0~329.4	0.5~1.1	0.7~2.5	0.4~4.3	0.1~0.8	0.01~0.02	0.02~0.46	
	SPM	M±SD		1 016±237	44 470±4 594	47.2±31.9	35.2±11.3	152.1±82.6		1.7±1.8	109±140	[14] (2005), [17] (1996)
		范围		538~1 452	39 580~54 040	21.8~139.8	24.3~55.0	103.4~386.8		0.14~6.17	47.6~532	
	S	M±SD		1 176±185	28 723±405	19±5	12±4			0.11±0.05	5.8±1.7	[18] (2018)
尼日尔河	W	M±SD			382.3	6.0	11.3	15.2		1.6	8.1	[19] (1992)
	S	M±SD	34.8	126.2	8 495±1 877	48.7±35.2	63.0±38.9	79.4±43.4	7.0	3.0±2.1	33.5±14.4	[20] (2012), [21] (2019)
		范围			94.3~901.0	2~10.5	3.2~34.0	4.5~42.9		0.7~2.9	2.0~17.9	
多瑙河	W	M±SD	0.8±0.1		410±10	1.8±0.1	3.2±0.1	23.0±0.6	6±1	0.07±0.00	0.84±0.06	[22] (2014), [23] (2016)
		范围	0.2~3.9			0.3~4.9	0.4~9.1	0.4~68.2		0.02~0.19	0.06~3.81	
	SPM	M±SD	62.3±12.0	1 063±241	25 900±4 300	47.3±10.7	52.7±12.3	166±32	18.2±3.3	<1.1	34.6±8.3	[24] (2003)
		范围	32.9~107.5	565~4 028	14 300~38 300	23.2~89.8	28~194	99~398	9.4~32.1	1.1~7.6	18.2~85.0	
	S	M±SD	60.0±6.5	819±65	29 700±1 900	49.6±6.1	65.7±12.3	187±25	17.6±1.9	1.2±0.4	46.3±6.8	[25] (2005), [26] (2010)
		范围	35.3~139.0	442~1 379	17 600~56 700	24.6~142.8	31~663	83~662	9.0~68.9	<1.1~25.9	14.7~107.6	
恒河	W	M±SD	2.5±1.4	3.7±1.4	70.6±26.7	12.8±2.6		19.7±7.4			29.5±6.9	[27] (1990)
		范围	1.0~5.7	3.0~5.3	34~117	9~17	3~33	11~32		5~6	19~39	
	SPM	M±SD	40±8	520±20	2 880±80	40±3	30±7	30±4			70±8	
		范围	32~48	500~540	2 700~2 900	37~45	22~31	27~35			62~78	
	S	M±SD	148.0±16.1	1 806±424	40 456±3 018	48.0±8.5	55.0±5.7	107.0±22.5		0.6±0.2	22.0±3.7	[28] (2003), [29] (2013)
		范围	121~200	1 150~3 070	34 100~46 000	35~63	44~69	87~181	0.3~0.7	0.4~1.3	18~35	

续表

河流	介质		Cr	Mn	Fe	Ni	Cu	Zn	As	Cd	Pb	文献(发表年份)
拉普拉塔河	W	M±SD	1.6±0.2	0.3±0.3	70.6±72.6	3.1±2.0	3.0±0.6	5.6±1.9	8.2±0.4		0.24±0.03	[30](2019),[31](2019)
		范围	1.4~1.8			1.8~5.4	2.6~3.7	3.8~7.3	7.8~8.7		0.21~0.27	
	SPM	M±SD	34.5±6.4	1003±218	48221±5111	75.7±68.9	87.1±84.1	108.5±16.3				[32](2015)
		范围	25.1~45.5	605~1320	38423~52728	24.3~243.2	37~322	68.2~129.6				
	S	M±SD	25.1±5.8	207±65	29225±15995	8.0±2.4	14.4±5.8	100±30	5.1±2.1	0.8±0.4	15.8±4.2	[31](2019),[33](2019)
		范围	16.2~33.8	87~363	6974~41086	5.7~10.5	9.3~20.8	79.7~134.7	3.2~7.4	0.2~1.1	<LOD~20.5	

注：LOD—检测限。W—水体，SPM—悬浮物，S—沉积物。M—平均值，SD—标准差。部分数据小数位数与所引用的文献保持一致。文献见附录1。

平均浓度均介于 20～50 µg/L 之间（Zhou et al., 2020）（图 1-1）。从 20 世纪 80 年代、21 世纪初至 10 年代，中国河流水体典型金属如 Cd、Pb、Zn、Ni 和 As 平均浓度呈逐渐增加趋势，且在 21 世纪 10 年代平均浓度均远超《地表水环境质量标准》（GB 3838—2002）中的 V 类水标准，总体污染状况严重。自 2000 年以来，中国经历了人为排放有关的金属污染事件高峰期，如 2005 年广东北江因冶炼厂超标排放 Cd 污染事件；2006 年湖南岳阳县城因河流上游化工厂 As 排放超标 10 倍造成饮用水源污染事件；2012 年广西龙江因企业 Cd 泄漏而引发污染事件等；这些大多都与工业废水中的金属排放有关。据 2014 年环境保护部与国土资源部发布的《全国土壤污染状况调查公报》中指出约 20%的耕地已被金属污染，造成了巨大的农业危机（环境保护部和国土资源部，2014），这也会成为河流中金属污染的潜在来源，对河流水生态健康产生威胁。

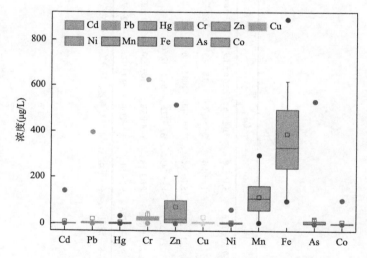

图 1-1　1972～2017 年中国 70 条河流水体痕量金属浓度

数据提取自 Zhou 等（2020），删除了个别河流（如矿区河流）中浓度异常高的痕量金属

通过文献统计，表 1-4 给出了中国七大河流水系水体、悬浮物和沉积物中的 9 种典型金属元素含量，具体数据来源文献见附录 2。总体来看，大部分金属在中国东南部的长江、珠江和淮河水系中含量最高。其原因可能主要跟这两大区域的生活和工业带来的金属污染有关，进一步说明社会经济发展程度是和金属污染有一定关系的，但具体的关联程度和方式有待进一步研究。在这七大水系中，水体中大部分金属（除 Pb）含量显著低于世界卫生组织、欧盟及中国饮用水（III 类）水质标准。悬浮物和沉积物作为大部分金属汇集的重要载体，尤其是像黄河这样的高含沙河流，金属在不同环境介质中迁移、转化的频率更高，吸附、释放机制

表 1-4　中国七大河流水系水体（μg/L）、悬浮物（mg/kg）和沉积物（mg/kg）中痕量金属浓度分布（平均值±标准差，范围）

河流	介质		Cr	Mn	Fe	Ni	Cu	Zn	As	Cd	Pb	文献（发表年份）
长江	W	M±SD	20.9±2.1	5.4±1.6	239.8±56.1	13.4±4.9	10.7±1.2	9.4±1.2	13.2±4.4	4.7±0.9	55.1±8.6	[1] (2009)
		范围	17.2~24.3	4.3~8.8	174.5~350.5	5.6~24.3	8.6~12.3	7.6~11.6	7.6~20.8	3.2~6.4	44~734	
	SPM	M±SD	150.3±46.0	1000±100	37 900±1800	38.0±2.3	56.9±3.9	233.8±20.0	31±28	2.6±1.6	81.0±26.0	[2] (2008), [3] (2007), [4] (2010)
		范围	15.0~376.2	500~1100	17 000~42 000	15.0~44.0	23.3~71.5	123.1~534.1			47.7~217.1	
	S	M±SD	72.5±18.7	31.8±7.2	33 394±6257	766±177	44.8±15.1	120.4±79.2	16.7±19.7	0.40±0.29	39.3±23.9	[5] (2011), [6] (2009)
		范围	42~96	17.6~48.0	20 538~49 627	413~1112	22.0~67.4	48~350	6~63	0.06~0.77	20~110	
黄河	W	M±SD	18.0±0.5	1.8	19.6	10.0±8.2	15.3±14.2	19.9±19.4	4.7±1.7	0.13±0.07	7.3±7.2	[7] (2016), [8] (1994)
		范围	7.6~35.7	0.5~2.2	1.4~25.2	1.0~38.3	0.6~44.4	0.1~67.1	2.2~14.5	0.01~0.88	0.1~35.1	
	SPM	M±SD	66.4±3.4	450±50	22 050±3950	20.2±3.8	18.2±4.8	73.4±3.4		0.28±0.01	15.1±4.3	[3] (2007), [9] (2015)
		范围	58.6~83.9	400~800	15 500~35 400	15.7~33.2	11.4~29.6	46.1~130.7		0.23~0.30	9.2~27.3	
	S	M±SD	62.4	709±185	24 000±4230	23.6	40.7	68.4	2.5	0.09	37.3±10.1	[10] (2016), [11] (2015)
		范围	42.6~132	388~1020	16 500~31 700	15.0~39.6	7.0~261	41.8~114	<LOD~8.7	<LOD~0.25	17.8~53.9	
珠江	W	M±SD	35.2±0.2	81.2±30.3	264.0±156.2	1.9	4.6±0.8	42.3±8.9	1.2±0.0	0.19±0.04	15.8±3.6	[12] (2019), [13] (2015)
		范围	35.0~35.6	20~145	81~627	0.03~13.7	3.3~6.3	33~64	1.2~1.3	0.11~0.25	11~23	
	SPM	M±SD	110.2±18.8				97.1±11.0	388.5±118.5	74.8±12.7	1.34±0.15	102.2±23.8	[14] (2019)
		范围	52.1~317				30.6~679	77.4~2328	12.0~189	0.24~7.36	43.9~352	
	S	M±SD	51.6±12.0	418±159		26.6±5.4	31.4±7.1	103.7±6.5	18.9±7.2	0.21±0.02	12.8±2.1	[15] (2014)
		范围	29.6~65.2	252~621		17.5~33.7	19.9~35.0	94.0~113.0	8.0~29.2	0.18~0.24	10.0~15.0	
淮河	W	M±SD	22.1±21.9	50.9±66.6	430.5±349.2	49.3±69.9	50.4±45.3	10 670±21 134	5.1±0.0	69.5±98.7	155.6±177	[16] (2017), [17] (2018)
		范围	1.2~115.6	0.1~224.5	19.2~1845.1	2.0~194.0	6.4~218.5	58~72 073	<0.1~98	11.6~300.0	12.0~595.8	
	S	M±SD	84.6±17.2	876±334	33 388±6914	32.8±15.3	23.1±6.4	76.8±14.2	9.0±3.0	0.20±0.10	32.3±11.1	[18] (2019), [19] (2016)
		范围	53.7~111.0	355~1952	18 927~46 279	18.4~130.3	11.5~32.7	45.4~100.9	5.1~12.9	0.06~0.31	15.4~58.9	

续表

河流	介质		Cr	Mn	Fe	Ni	Cu	Zn	As	Cd	Pb	文献（发表年份）
海河	W	M±SD	0.6±0.6	65.5	57.1	3.2±3.1	2.1±1.6	0.4±0.4	6.2	0.03±0.03	0.1±0.1	[20] (2018), [21] (2016), [22] (2014)
		范围	0.3~1.2			1.0~9.9	0.7~6.5	0.01~1.1		0.01~0.15	0.02~0.4	
	SPM	M±SD	68.5±25.4			54.3±16.8	37.0±18.7				77.5	[23] (2017), [24] (1994)
		范围	47.2~152.5			35.6~94.8	14.4~74.0			0.94		
	S	M±SD	77.5±32.2	435.0		29.6±8.4	46.0±38.9	144.2±80.7	25.2±14.2	0.26±0.11	40.1±41.7	[20] (2018), [25] (2013), [26] (2013)
		范围	38.6~185.2			15.6~49.4	15.5~232.2	66.5~496.8	6.7~51.7	0.08~0.55	19.7~269.9	
松花江	W	M±SD	1.7±1.2				3.9±1.1	25.4±21.2	2.3±0.4	0.13±0.13	25.4±21.3	[27] (2009)
		范围	0.2~6.9				1.7~6.3	0.9~70.8	1.4~3.0	0.04~0.57	0.2~25.0	
	SPM	M±SD	43.3±11.6			43.3±11.6	78.0±56.0	254.9±68.1	26.3±18.8	1.3±0.7	65.6±20.8	[28] (2010)
		范围				26.5~59.0	40.2~174.6	199.8~368.3	13.6~56.7	0.6~2.0	41.9~98.7	
	S	M	121.4	529.0	23 170	12.9	13.3	92.5	10.13	0.27	18.8	[29] (2017), [30] (2008)
辽河	W	M±SD	11.0±0.1			14.7±9.4	7.7±0.0	30.1±0.1	1.8±0.6	0.52±0.64	6.39	[31] (2017), [32] (2011)
		范围	2.0~28.6			6.3~43.1	1.7~7.7	25.0~48.9	0.5~2.6	0.50~0.69		
	SPM	M±SD	117.9	30	2 290	44	65.4	350.4	91.0	2.02	123.7	[33] (2014), [32] (2011)
		范围	12.0~444.2	10~60	500~5 250	<LOD~195	12.7~224.6	<LOD~884.7	4.4~549.9	0.16~10.21	8.6~671.3	
	S	M	49.0	104.2	4 802	10.2	12.7	169.5	6.5	0.47	7.4	[34] (2015), [35] (2017)
		范围	11.2~84.8	52.2~184.3	2 313~9 366	7.4~16.2	5.2~67.1	342~398.7	1.6~12.8	0.23~1.10	5.2~13.7	

注：LOD—检测限。W—水体，SPM—悬浮物，S—沉积物。M—平均值，SD—标准差。部分数据小数位数与所引用的文献保持一致。文献见附录2。

更为复杂。长江、黄河和珠江水系悬浮物中 Cr、Mn 和 Ni 含量相对较高；黄河水系悬浮物中 Cu、Cd 和 Pb 含量显著低于其他水系。我国对于水环境污染的常规检测中并不包含对沉积物中的污染物检测，但其中污染物的含量往往较高，特别是在水动力作用下再悬浮使得泥沙中污染物释放形成二次污染。我国七大水系悬浮物中大部分金属含量都高于土壤背景值，推断我国主要河流水系沉积物或多或少受到金属污染。各水系沉积物中金属含量变化范围大，说明其污染存在明显的空间差异，人类活动在其中或许起到了重要作用。由于所收集的数据存在着时间差异，同时每个河流水系空间跨度较大，因而使用以上数据在水系之间作对比时存在着一定的不确定性，有必要进行更系统、全面的研究。通过文献收集与查阅也发现，对于我国大江大河等水环境中污染物如金属等方面的研究缺乏长时间序列监测，现有研究大部分集中在某一小的区域且介质单一，缺乏大空间尺度下多相介质中金属浓度与分布的研究。这对于我国水环境中金属污染状况乃至总量的估算方面缺少数据支撑。

1.2 痕量金属在鱼体累积及潜在风险

1.2.1 痕量金属在鱼体的累积特征

1. 生物富集

痕量金属进入水环境后，仅有少量以溶解态形式留在水体中，大部分通过悬浮颗粒物吸附沉积，最终进入沉积物中（Malvandi，2017），有研究发现一些金属在沉积物中的储存比例甚至超过了 90%（Salomons & Mook，1977）。同时，沉积物的再悬浮和解吸作用又会使大量痕量金属再次释放到水体中造成二次污染（Ip et al.，2005）。大部分金属（尤其是重金属）具有毒性且不能被降解，易在生物体内富集，对水生生态系统构成严重威胁（Papagiannis et al.，2004；Rahman et al.，2013；Ahmed et al.，2015）。金属通过鱼、虾、贝等水生生物食物摄取、体表吸收等方式进入机体并沿着食物链/网转移、富集（Mansour & Sidky，2002）。鱼类作为人类饮食来源的重要部分，为人类提供丰富的蛋白质、维生素以及其他营养物质和能量（Zhuang et al.，2009；Pieniak et al.，2010），而金属等污染物在鱼体累积后最终有可能进入人体，进而产生潜在的健康风险。研究发现中国主要河流和湖泊普遍受到不同程度的金属污染，沉积物污染率更是高达 80.1%，即沉积物是水环境中金属等污染物的重要汇集区和载体（Caeiro et al.，2005；王海东等，2010；Suresh et al.，2012）。金属在水生态系统中除了在各环境介质中迁移，还会沿着水生食物链/网传递、富集。这不仅会对水生生物产生负面影响，更重要的是还会对人类健康产生威胁（Rahman et al.，2012；Ahmed et al.，2015）。水环境中的金属向鱼体转移、富集的能力通常采用生物富集因子来表征，以此来探究鱼体对痕量金属元素累积的潜力，其结果以鱼体金属浓度与水环境介质（水体、悬浮颗粒物和沉积物）中金属浓度的比值表示（Negri et al.，2006）。如对于沉积物的生物富集因子（biota-sediment accumulation factor，BF_S），当 BF_S 值大于 1 时，就认为该种金属在生物体内产生了富集（Trevizani et al.，2016）。对于水体生物富集因子（bioaccumulation factor，BF_W，L/kg），根据 BF_W 值的大小对蓄积能力进行了分类，$BF_W<1000$，积累的可能性较小；$1000 \leqslant BF_W<5000$，具有生物蓄积性；$BF_W \geqslant 5000$，具有高生物蓄积性（Arnot & Gobas，2006；Ahmed et al.，2019）。在对恒河 7 种鱼类中 Zn、Pb、Cu、Cd 和 Cr 的研究中发现，不同鱼类组织（肌肉、鳃、肝脏等）中金属对于水体的生物富集因子存在差异且有明显的生物富集现象，所有鱼类肝脏均显示出较高的 BF_W 值，而鳃和肌肉相对较低（Maurya et al.，2019）。这与其他研究中指出"肝脏和肾脏等代谢活跃的组织与皮肤和肌肉相比有更高的金属富集能力"的研究结果一致（Ali et al.，2019）。不同鱼类的生物富集因子的差异跟食物网的结构、营养水平和生物的生活史有关（Burkhard，2003）。对于水体中的 Ni 和 Cd，草食性鱼类比杂食性鱼类表现出更高的生物蓄积能力，这可能是因为水生植物和藻类会积累大量的 Ni 和 Cd，从而增加草食性鱼类对 Ni 和 Cd 的吸收（Gyimah et al.，2018）。鱼类对沉积物的生物富集因子（BF_S）研究中，可以通过 BF_S 值的大小对鱼类进行分类，包括高生物富集能力类（$BF_S \geqslant 2$）、低生物富集能力类（$1 \leqslant BF_S < 2$）和无生物富集能力类（$BF_S<1$）（Dallinger，1993）。具有高生物富集能力的鱼类可以作为该地区评价环境中金属污染状况的潜在生物指标（Jayaprakash et al.，2015）。生活在底层的鱼类体内金属含量通常比中上层鱼体内含量高，它们与沉积物接触和摄食底栖生物从而富集更多的金属（Yi et al.，2011）。

  鱼类从环境中富集不同金属可能有相同或类似的来源，由于直接去调查确认污染物来源有一定的困难，目前对其的研究主要采用数理统计分析方法，如相关性分析、因子分析、聚类分析和主成分分析等。常用方法是先通过以上分析方法来分析哪些金属具有共同或相似的来源，再结合研究区域环境中金属浓度分布及周边污染源现状，进而去推测金属污染的可能来源。有学者研究了网箱（已拆除多年）养殖对沉积物和鱼类金属积累的长期影响，发现鱼体与沉积物中 Zn 和 Cr（$r=0.61$）、Cu（$r=0.52$）、Fe（$r=0.75$），Cr 和 Fe（$r=0.63$），Fe 和 Ni（$r=0.57$）之间存在显著的相关性（$p<0.05$）；同时主成分分析结果结合环境中可能的污染源得出 Zn、Cr 和 Ni 可能与原来的水产养殖活动造成的沉积物中金属二次释放有关；Cu、Mn 和 Pb 可能来源于原来网箱培养筏的防腐涂层；而 Mn 被认为主要来源于地球化学循环的沉积（Xie et al.，2020）。通过以上分析方法，只能从定性层面对金属污染进行溯源，如要获得精准来源还需要对污染排放源进行深入、细致

的调查分析。通过多元统计分析如非线性回归去量化环境介质（水体、悬浮颗粒物和沉积物）中金属浓度和水生生物体内含量的关系（Kumar et al.，2015），确定优先富集元素和主要富集途径，以及采用同位素示踪、相关性分析、主成分分析结合区域污染特点与现状的分析方法是目前对痕量金属污染进行溯源的重要手段。

2. 生物放大作用

在水生食物网中，环境中金属等污染物进入生物体产生富集，污染物在不同营养级之间进行转移浓缩的现象，称为生物放大作用。和上面阐述的生物富集因子类似，也可以通过生物放大因子（biomagnification factor，BMF）去量化评价生物放大程度，其值为捕食者体内金属含量与被捕食者体内含量之比。对于复杂的食物网关系也可用食物网放大因子（food web magnification factor，FWMF）去评价金属在整个食物链/网上的生物放大作用（Fisk et al.，2001）。早期对生物放大作用研究采用的是较为传统的方法，即通过实验测定特定营养级生物体内污染物浓度，然后与已发表的水生食物网模型以及摄食行为或胃容物的数据进行比较来估算生物放大效应（Suedel et al.，1994）。随着稳定同位素和脂肪酸分析技术的发展，其在物质循环和营养结构的研究方面得到了广泛应用，可以较为精确地确定营养级和食物来源，进而对污染物在生物体内的放大效应进行评价（Bond，2010；Le Croizier et al.，2016）。氮同位素（$\delta^{15}N$）用来表征生物所处的营养水平，碳同位素（$\delta^{13}C$）用来区分不同鱼类如底栖、中上层或上层性鱼类的食物来源与组成（Le Croizier et al.，2016）。由于不同的生产者能合成不同的脂肪酸，而消费者却无法有效地合成它们，因此脂肪酸的组成可以用来反映食物来源（Kelly & Scheibling，2012；Le Croizier et al.，2016）。

在复杂的水生食物网中，污染物从环境中到各营养级水生生物体内富集及部分排出，乃至完成整个食物链/网上的物质循环过程极为复杂。部分痕量金属尤其是重金属沿着各食物链传递，发生生物富集和放大，最终在高营养级如鱼类中累积后，不仅会对生态系统结构和功能产生负面影响，甚至会威胁到人类健康（Chouvelon et al.，2019）。因而对金属在鱼类食物网中的生物放大效应的评价意义重大。目前，已有较多利用碳、氮稳定同位素对金属在鱼类食物链上的放大效应评价方面的研究。学者在对底栖大型动物中的金属向鱼类转移的研究中发现处于较高营养级以底栖动物摄食的鱼类，体内 Hg 的含量高于底栖生物体内的含量，这就是一个典型的 Hg 生物放大现象（Kalantzi et al.，2014））。在对渤海莱州湾食物链中 4 种常见金属 Hg、Cr、Cu 和 Cd 沿着浮游动物到掠食性鱼类营养级转移的研究中发现：金属在主要食物链/网各营养级的转移中，Hg 和 Cr 有生物放大现象；Cu 随着营养级的增加而被生物稀释；而 Cd 在食物网中没有生物放大或生物稀释（Liu et al.，

2019)。对于脂肪酸分析方面，一般流程是通过对鱼体脂肪酸进行分析，再和特定的生产者对比，进而确定其主要食物来源。如二十碳五烯酸（eicosapentaenoic acid，EPA）通常被认为是硅藻的标志物（Kharlamenko et al.，2001；Alfaro et al.，2006），二十二碳六烯酸（docosahexaenoic acid，DHA）是鞭毛藻的标志物，这两种脂肪酸的比例可用来确定浮游植物中的主要类群（Parrish et al.，2000）。通过以上分析，确定不同鱼类的主要食物来源，进而计算生物放大因子或食物网放大因子来对金属在鱼类食物链/网中的放大效应进行评价。

1.2.2 痕量金属毒性及鱼类食用健康风险评价

1. 痕量金属的毒性作用

水环境中金属尤其是重金属易在水生生物中积累并通过水生食物链/网或者饮用水进入人体，从而引发严重的健康问题。我国"十二五"（2011～2015 年）规划中就提出了水环境重金属污染防治计划，这也反映了我国金属污染的严重性以及需要防治的迫切性。这主要还是由重金属本身的毒性属性以及难降解、易富集放大的环境特性决定的。生物体需要某些金属元素，这些元素对于维持它们的新陈代谢是必不可少的，成为机体的必需元素，如 Cu、Zn、Cr 和 Fe 等（Belivermis et al.，2016）。然而其含量在机体内超过一定阈值浓度也可能会产生毒害作用。如一个人的 Fe 日摄入量达到干重 100 g（106 mg/d），则将超出可耐受的水平（Belivermis et al.，2016）；人体摄入 Zn 的安全上限值是 45 mg/d，下限值是 3.6～18.7 mg/d（WHO，1996）。如果必需元素达不到机体所需的量也会产生相应的元素缺乏症状，如人体 Zn 的缺乏会产生食欲降低及免疫功能下降等症状。Cr 是维持人体活动必需的微量元素，但超过人体所需的限量就会引起呼吸问题如咳嗽、哮喘，过敏反应，长期接触可能引起肝癌和肾癌，特别是六价铬 Cr(VI)（Martin & Griswold，2009）。Ni 含量超过一定限值可能引起过敏反应，长期暴露接触可能导致生殖疾病，并且 Ni 还具有遗传和神经毒性（Das et al.，2008；EFSA，2015）。正是由于这些必需金属元素在机体富集含量过高会导致毒性作用，而供应不足又无法维持机体正常代谢作用进而产生不良症状，使得金属在环境中的污染问题进一步复杂化（Kennish，1997；Belivermis et al.，2016）。

另外一些金属如 Pb、Cd 和 As 等本身就具有较强的毒性，加之环境中普遍存在，是典型的有毒有害金属。Pb 无生物学作用，非生物体所必需，即使在相当低的浓度下也能产生致毒作用（Liang et al.，2016）。Pb 的暴露与成人和儿童中的许多疾病有关，如 DNA 损伤或生殖功能受损等（Telisman et al.，2007）。Cd 污染主要由电镀、电子和核工业等过程中产生，其主要毒性形式是 Cd^{2+}，因此进入细胞时会与其他二价必需金属离子如 Ca^{2+} 发生竞争，对许多水生生物都能造成急性或亚急性毒性（Jarup & Akesson，2009；Thevenod & Lee，2013；Shi et al.，2018）。由于人类活动和自然过程，As 在环境中广泛分布。美国食品和药物管理局指出，人类 As 暴露 90%来自于鱼类和其他水产品，因此人类对 As 的总摄入量及 As 的致毒效应取决于水生生物中 As 的浓度（USFDA，1993）。特别是无机 As，是一种致癌物质，可以导致多种癌症发生（Baki et al.，2018）。甲壳类动物对 As 通常有较高的富集能力，被认为是监测沉积物中 As 等金属污染的极佳生物标志物（Baki et al.，2018）。因此，加强对有毒有害金属的监测，以防止和最大限度降低与饮用水和食用水产品有关带来的潜在健康风险。鱼类作为水生食物链/网中较高营养级的水生动物，与其他如藻类、底栖动物等营养级相对较低的水生生物相比，其受异源富集及放大作用的影响较大，会积累更多、更危险的有毒有害物质。这不仅对鱼体本身、渔业资源量和多样性的维持产生不利影响，而且最终进入人体也会威胁到人体健康。

2. 人类食用鱼类健康风险评价

据联合国粮食及农业组织统计，在过去的五十年中，全世界的鱼类产量稳定增长，1960 年到 2012 年期间，全球人均鱼类消费量平均增加 9.9～19.2 kg；仅中国就生产了 4350 万 t 食用鱼，2000～2012 年期间，中国的年平均增长率为 5.5%（FAO，2014）。全球金属污染严重，尤其是重金属具有不可降解性、持久性，在环境中会被迅速吸收，并在短时间内扩展到有毒水平，同时其生物累积性和生物放大作用对生态系统和人类健康造成持续威胁与危害（Kalantzi et al.，2013；Zhang et al.，2016）。全球出现的众多金属污染事件如日本水俣湾和金祖河流域的 Hg 和 Cd 中毒事件，中国湖南 As 污染事件以及河南济源、湖南郴州的 Pb 中毒事件。对人类来说，虽不是直接通过食物摄取而造成的危害，但部分痕量金属高致毒性带来的警示作用使得加强对人类食用健康风险评价就显得尤为重要了。

考虑到痕量金属尤其是重金属不可被生物降解，也不能转化为无害的代谢物，因此通过测定它们在生物组织中的浓度来进行食用健康风险评价有重要意义（Jović and Stanković，2014）。预计每日摄入量（estimated daily intake，EDI）（Griboff et al.，2017）及世界卫生组织和联合国粮食及农业组织（FAO/WHO，2014）联合制定的基于暂定每周允许摄入量（provisional tolerable weekly intake，PTWI）方法被用于食用安全性评价。通过计算 EDI 或 PTWI 值，然后与每种痕量金属所定的安全值域作比较，进而判别食用是否安全。美国环境保护署（USEPA，2009）提出的目标危害系数（target hazard quotient，THQ）和危害指数（hazard index，HI）也被用来评价食品中痕量金属带来的风险。当 THQ＜1 时，表示暴露水平低于参考剂量，可认为对人类无健康风险；当 THQ≥1 时，可认为存在一定的健康风险。研究者在对巴基斯坦杰纳布河中的鱼类食用风险的研究中发现对高频消费和普通人群计算的被调查鱼类的 EDI 值分别为 0.01～5.4 mg/d 和 0.0001～0.54 mg/d，远低于国外各机构所推荐的限值，而通过鱼体金属浓度和 THQ 值发现杰纳布河沿岸的当地居民长期受到 As 的致癌性污染和非致癌性（THQ＞1）风险，尤其是食用里巴鲮（*Cirrhinus reba*）的风险较大（Alamdar et al.，2017）。学者对中国华南地区 7 个省份稻鱼养殖系统 6 种鱼肌肉中 Pb、Cd、Hg、As 和 Cr 的食用健康风险研究发现，潜在的非致癌风险为 As＞Hg＞Cr≈Pb＞Cd；稻鱼养殖系统中鱼体大部分金属浓度相对较低，总体而言，稻鱼养殖系统仍然是绿色农业的成功模式（Wang et al.，2020）。通过对鱼类食用风险的评价，识别出目标污染金属及安全食用鱼类，不仅有助于金属污染源的识别，同时也为人类食鱼安全提供了一定的保障。

1.3 黄河流域概况及其生态安全重要性

黄河（32°10′N～41°50′N，95°53′E～119°10′E）为中国第二大河流，是中华文明的发源地，干流全长 5464 km，流域面积 79.5 万 km^2，占我国国土总面积的 8%左右。黄河发源于青藏高原的约古宗列盆地，自西向东穿过中游严重水土流失的黄土高原区，通过下游黄淮海冲积平原，在山东省东营市垦利县注入渤海（Shi et al.，2017）。目前，在区域划分上，根据水文和地理特征，一般将黄河源头到内蒙古托克托县的河口镇归为上游，河口镇至河南省郑州市桃花峪为中游，以下至入海口为下游。因黄河源区生态环境的特殊性，一般也将贵德龙羊峡水库以上部分称为河源区（张晓龙等，2018）（图 1-2）。本研究在绪论部分主要以四个区域来阐述，即黄河源区、上游（甘宁蒙段）、中游和下游。

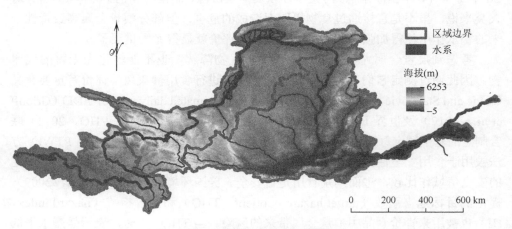

图 1-2 黄河流域地理位置

黄河自西向东流经9省（区）70多个地区（州、盟、市），流域内自然和地理条件各不相同，纵贯山地、高原、草原、平原等，覆盖有我国重要的农业灌溉区和工业带。流域内大部分区域面临着水资源短缺，人均水资源占有量低，水资源承载力超载等问题（张宁宁等，2019）。黄河流域仅占全国2%的径流量，承载着全国15%的农业用水，容纳近8%的废污水，提供12%的人口用水，为社会经济发展和生态环境保护做出重要贡献（胡春宏，2018；刘昌明等，2019）。

目前，黄河流域生态保护和高质量发展已经被提升到国家战略层面，充分体现了其在我国生态文明建设和发展方面的重要性。作为中华民族的母亲河，黄河受自然因素、生产力及社会经济发展水平、人类活动等条件制约，流域生态环境保护、生态安全与流域内社会经济发展是我们长期关注的重点。黄河源区位于青藏高原腹地，其间河网、雪山、冰川集中，是素有"中华水塔"之称的三江源区中的重要水资源涵养区，在整个黄河流域的水资源保护和管理、生物多样性维持以及生态安全方面具有重要的生态功能（Liu et al.，2014；Ding et al.，2018）。但源区气候恶劣，生态环境脆弱，对气候变化敏感，其生态环境问题的出现将影响周边及上、中、下游地区的生态安全和社会经济发展（黄桂林，2005）。黄河上游具有丰富的水资源，在西北地区乃至整个黄河流域的生态安全方面有着重要的战略意义。该区段众多水电的开发，满足了中下游流域的灌溉、除涝、发电、供水和生态等要求，取得了显著的社会、经济和生态效益（乔秋文等，2019）。同时，黄河上游也分布着重要的工农业产业区，如兰州段以石油化工为主的重工业区，宁夏平原、河套平原的黄河灌区农牧区等，这对我国社会经济发展有着十分重要的意义。黄河中游是水土保持控制的核心区域，也是下游生态安全保障的关键区域。该区域的淤地坝建设，退耕还林（草）等生态修复工程的实施与维持对下游地区洪涝灾害发生、土地退化、泥沙淤积的减缓起着生态保障作用（郭玉涛等，2014；姜德文，2019）。黄河下游因多次泛滥而改道，形成了复杂的冲积平原形态，促使较多的引黄灌区的建立，在国民经济建设中具有重要的战略地位。地区耕地后备资源充足、增产潜力大、片区集中，是粮食产业核心和重点区域。同时地理位置优越，矿产自然资源丰富，这为该区域的工农业发展提供了良好的自然条件（张金良，2019）。

黄河除了在经济发展，粮食和能源安全保障、自然灾害的减轻与减少等方面有重要贡献外，在生物资源与生态保护方面也起着重要的作用。黄河拥有丰富的水能资源和独特的地貌环境，使得流域孕育着丰富的渔业资源和极高的水生生物多样性。同时流域生物具有物种多、丰度高等特点，在全球淡水产品供给和生物多样性保护中意义重大（Chi et al.，2018；Xie et al.，2018）。据不完全统计，黄河流域有鱼类190余种，底栖动物近40种（属），水生植物40余种，浮游生物330余种（部分到属）。黄河连接着不同生境区域，是维持河流水生生物栖息、繁殖、基因交流及水生态系统稳定的重要廊道（王瑞玲，2013）。

黄河流域地处干旱、半干旱地区，属于典型的资源型缺水流域。同时作为我国重要的农业、化工和能源产业基地，在全球气候变化和人类活动强度不断增加的双重作用下，黄河流域目前面临着土地荒漠化、水资源匮乏且供需失衡、区域水土流失等灾害频发、局部水污染等水安全问题，渔业资源衰退及多样性降低、水生态系统结构与功能改变等生态环境问题。

1）土地荒漠化

土地荒漠化是一种土地退化现象，其主要由气候变化和人类活动破坏了生态平衡而引起的（周日平，2019）。土地的荒漠化作为一种动态演变过程，在土地退化后进一步带来诸多问题，如土地生产力下降、粮食资源紧缺、生物多样性下降和水环境污染等（Dregne et al., 1991）。土地荒漠化是一个复杂的综合性问题，其成因、过程、防治和评价涉及多个学科交叉领域，我国对其研究起步相对较晚，然而我国却是亚洲遭受土地荒漠化最严重的国家之一。

黄河流域大部分地区生态环境脆弱，流域内土地荒漠化问题一直都存在。黄河源区气候条件恶劣，受全球气候变化和人类活动的影响，呈现出动态变化过程。1975～1990 年期间，黄河源区荒漠化处于增长期，中部是主要加重区域；1990～2007 年，荒漠化程度保持稳定，中部无明显增加趋势，西部和北部相应有所减少（郄妍飞等，2008；李任时等，2014）；2004～2012 年，沙地、戈壁与裸地逐渐向草地转化，净减少 218.8 km^2（刘璐璐，2017）；从 1980 年到 2015 年，黄河源区以草地向沙漠及未利用土地变化的形式增加了 8271.0 km^2，增比为 13.8%（张冉等，2019）。整体而言，近年来黄河源区重度沙漠化面积有所减少，自 1995 年以来，该地区沙漠化开始得到了有效的治理。有学者对未来三十年黄河源区的沙漠化风险进行了模型预测，认为未来沙漠化风险与温度增加成正相关，黄河源区仍会遭受一定程度沙漠化的威胁（徐浩，2017）。中上游所处区域因有分布于晋陕宁蒙四省（区）交界地带的黄土高原，地理上邻接毛乌素沙漠，其荒漠化类型主要以沙漠化和水蚀荒漠化为主，总面积达 3801.8 km^2（李智佩，2006）。目前，通过采取一系列的治理措施，2000～2016 年黄土高原地区水蚀荒漠化减缓，荒漠化有所改善，生态环境有所好转，其中以陕北地区改善最为明显（刘英等，2019）。但鉴于其地理分布、地质、地貌特征，植被覆盖和地表组成物质等自然地理因素，部分区域荒漠化程度依然严重。黄河下游，特别是三角洲区域，因黄河携带的大量泥沙淤积、土壤沙化盐渍化，加之历史上黄河多次改道致使黄河故道出现了荒漠化现象（舒莹，2008），目前是重点治理区域。

黄河流域土地荒漠化经历了加重—减缓—好转的过程，但由于本身所处的地理环境、地质条件，加之全球气候变化和人类活动的加剧，土地荒漠化这一问题现在乃至将来较长一段时间内仍然是该区域最突出的生态环境问题之一。

2）水资源匮乏且供需失衡

黄河作为我国西北乃至华北地区的重要水源之一，但流域内水资源匮乏，仅占全国 2%的河川径流量,且在地区、年际、年内之间分布不均,同时还承担着大量泥沙的输送,使得流域内出现水资源供需失衡。在过去的 50 年,流域内降雨和径流明显减少(Zhu et al.,2016)。

黄河流域中上游干旱、半干旱地区年降水量不足 400 mm,下游相对较多,即整体分布不均。夏、秋季储水量相对盈余,而冬季中游较之上下游水量不足,也呈现区域分布不均现象,且水储量盈余面积远小于亏损区域面积。2003~2016 年期间,流域内除了秋季水储量处于盈余状态,其余三个季节水储量常处于亏损状态(李晓英等,2019)。黄河源区作为整个流域的水功能涵养区,在流域径流调节方面起着重要作用。根据该区域的气象资料,有学者应用 SWAT 模型模拟结果得出黄河流域地下径流量可能减少 20.0 亿 m^3(乔飞等,2018)。黄河上中下游主要水文断面的径流量和水资源总量减少,但流域内取耗水量却处于增长趋势(刘秀等,2019)。2009 年的供需分配研究发现供水量和可用水量较低,从净耗水量来看,缺水达 167.6 亿 m^3,总体表现出水量供需失衡(Liu et al.,2009)。

自 1996~2015 年,黄河流域用水量增加 31.3 亿 m^3,而 GDP 增加了 9.3 倍,人口增加 1365 万人,加之输沙用水,流域内经济社会发展速度与用水格局已呈现不匹配状态(王煜等,2018)。研究指出近 15 年来黄河用水量基本处于持续增加状态,图 1-3 显示了黄河流域从 2004~2016 年来用水量变化,各省(区)水量按"87 分水方案",甘肃、宁夏、内蒙古、陕西、山西、河南、山东平均用水量分别超出分配定额的 46%、86%、71%、65%、4%、26%和 24%(Chen et al.,2020)。总之,当前黄河流域水资源处于短缺状态,同时在水资源分配方案上显然不足,且受到人类活动和气候变化的影响较大(Xie et al.,2019)。

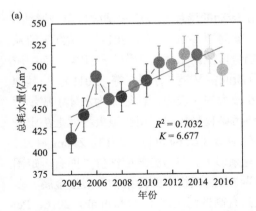
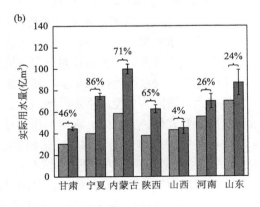

图 1-3 黄河流域 2004~2016 年总耗水量变化(a);与 1987 年分配水量(橙色)相比,各省(区)实际用水量(绿色)情况(b)(Xie et al.,2019)

扫描封底二维码可查看本书彩图内容

3）区域水土流失等灾害频发

黄河流域面积广，横跨四大地貌单元，自西向东依次为青藏高原、内蒙古高原、黄土高原和黄淮海平原，地形地貌多样且差异较大。流域内自然异变导致的灾害种类繁多，加之不确定的人类活动的影响，使得黄河流域内环境、灾害问题频发，已然对人类的生存与发展提出严峻挑战。

黄河源区所处的特殊地理位置，气候条件恶劣，生态环境脆弱，凌汛灾害、高寒草地退化，土壤侵蚀等加剧了水土流失（李国荣等，2017；Teng et al.，2018）。与 2000 年相比，2010 年黄河源区草地覆盖面积减少，水蚀量明显增加（蒋冲等，2017）。黄河中上游甘肃省境内黄土松软且以粉沙、壤土为主，易发生滑坡侵蚀，当流经坡陡沟密的黄土高原地区，就形成了严重的黄土滑坡和水土流失现象，黄河中沙量较大部分就来自于此（Jiang et al.，2019），这也是造成下游成为"地上悬河"的主要原因之一。随着一系列的坡改梯、植树种草及淤地坝等水土保持措施的实施，黄河流域水土流失得到了一定的控制，生态环境有所改善（Gao et al.，2017）。但整体而言，水土流失等灾害基数较大，进一步大范围的治理和遏制任重道远。黄河流域自 20 世纪中期以来，干旱事件频发。据统计，关中地区干旱发生率为 14.6%，黄土高原地区甚至高达 80%，造成了大面积的作物受灾，产生了巨大的经济损失（Zhang et al.，2015；周帅等，2019）。黄河中下游地形、地貌独特，生态环境脆弱，加之大面积不合理的开发利用，使得中下游地区决溢频繁，洪涝灾害时有发生。受人类活动和极端气候事件（如极端降水）的影响，水土流失和大量携沙入黄进一步加剧了灾害的发生（Ran et al.，2020）。但总体而言，在未来 30 年内，洪水和极端降雨携沙入黄河的量将有所减少（Zhao et al.，2019）。

4）局部水污染和水安全问题突出

近几十年来，黄河流域人口增长和经济活动的增加导致污水排放量急剧增加，加之天然水水量偏少，流域存在局部水质污染问题（Gu et al.，2019）。黄河干流从上游循化到下游泺口河段水质总体呈下降趋势，上游水质大多为Ⅰ~Ⅲ类，而中游和下游不少河段水质为Ⅳ~Ⅴ类，甚至部分断面劣Ⅴ类（孙国红等，2011）。与其他河流相比，黄河为典型的多泥沙河流，泥沙较大的比表面，往往成为水体中痕量污染物的主要载体，其沉降、吸附，再悬浮使污染物释放等作用在很大程度上决定着这些污染物在水体中的迁移、转化和生物效应等（Dong et al.，2013；Zhang et al.，2014），这使得水环境中污染物形式和种类复杂多变，在污染效应评价方面有一定困难。受流域内工农业活动的影响，黄河悬浮物和沉积物中的污染物像痕量金属、多溴二苯醚（PBDEs）、微塑料等在部分河段具有高的污染水平（Ma et al.，2016；Pei et al.，2018；Duan et al.，2020）。随着流域内工农业的发展，一些新型污染物如环境内分泌干扰物（EDCs）、新型有机污染物（EOCs）、全氟化合物（PFCs）、药品和个人护理品（PPCPs）等进入水环境中，虽然它们浓度仅为纳克到微克级，但其毒性及对生态环境的影响远大于常规污染物（Barbosa et al.，2016）。本研究团队于 2015 年和 2019 年对整个黄河 40 多个水文断面的调查发现有机污染物像 PCBs、OCPs 及药品和个人护理品在部分河段污染较为严重，黄河流域局部水污染问题不容乐观。

从可持续发展的角度来看，水安全问题指除了水资源短缺、水灾害和水体污染等造成的社会、经济及环境问题，更是对生态环境保护和社会经济协调发展产生负面影响（Grizzetti，2012；李雪松和李婷婷，2016）。黄河下游段流经河南和山东两省，引黄灌区和工业发展对水资源的需求量及水资源安全问题在这两省已引起重点关注（Wang et al.，2010a）。有研究者将生态系统服务考虑到水安全中，通过模拟未来情景并和当前水安全状况比较发现，中下游区域水安全水平较低，需加强水资源管理和控制（Qin et al.，2019）。

5）渔业资源衰退及多样性降低

近几十年来，随着黄河流域工农业高速发展和人口的剧增、水电开发、过度捕捞、外来种入侵以及局部水污染问题，导致以鱼类为代表的水生生物资源量和物种多样性都出现了急剧的下降（Wohlfart et al.，2016；Liu & Zhao，2017；Xie et al.，2018）。20 世纪 80 年代干流鱼类 13 目 24 科 125 种，目前则只有 54 种，种类数下降了 56.8%；从 1980～2008 年，黄河干流中游、下游和河口鱼类种类数分别下降了 32%、39%和 21%（韩明轩，2009）[图 1-4（a）]，其中淡水鱼和半咸水鱼类分别减少 49.0%和 93.8%，过河口性洄游鱼类以前有 11 种，2008 年的调查中发现仅剩 3 种，减少 72.7%（茹辉军等，2010）[图 1-4（b）]。黄河干流山西段从 1980～2011 年，鱼类物种数下降率为 40.8%；干流陕西段从 1980～2015 年，鱼类减少了 6 种，下降了 9.4%；从渔获物组成来看，鱼类群落结构由肉食性鱼类变成了现在以杂食性鱼类为主的类群（王益昌等，2017）[图 1-4（c）]。

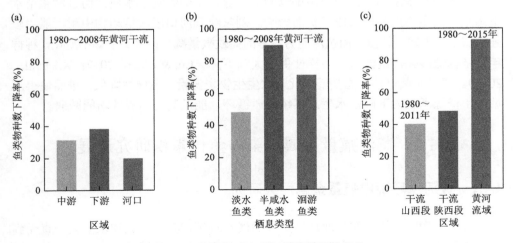

图 1-4　1980 年以来黄河鱼类物种数变化

历史上，黄河渔业资源丰富，中下游、河口曾是一些洄游性鱼类的栖息地。随着水利工程建设、不合理的土地开发、过度捕捞、污染物排放及生境破坏等，导致洄游通道阻断、产卵场破坏、流域内鱼类资源衰退，物种多样性下降的速率远高于其他的陆地和海洋生态系统（Dudgeon et al.，2006；Strayer & Dudgeon，2010；崔松林等，2013）；流域内受威胁的淡水鱼类19种，占总数的14.7%；现有重点保护鱼类26种，像黄河鮰、黄河雅罗鱼等珍稀濒危鱼类分布范围急剧缩小；一些地域特色鱼类如秦岭细鳞鲑、极边扁咽齿鱼、北方铜鱼等目前已很难见到。总体而言，黄河流域鱼类资源量呈下降趋势，结构逐渐趋于简单化，与20世纪七八十年代相比，多样性和丰富度都处于较低水平。

6）水生态系统结构与功能改变

水生态系统作为一个具有自我维持、调控及服务功能的复杂的自然综合体，其健康与否或程度的变化受到内部组成成分的结构、功能及适应力的影响。在人类活动的作用下，黄河流域水生态系结构和功能受到的影响具有两面性，如果干扰适度，适宜调节水资源分配，促进水文循环，水生态结构和功能更加稳定，则会更适于人类的发展；若干扰过度，水灾害、水污染、水生生物资源量和多样性下降等促使水生态系统的稳定和平衡受到负面影响，则不利于流域生态保护和社会经济的可持续发展（陈海涛，2013）。

气候变化和人类活动的不确定性会对黄河流域生态系统结构和功能稳定性产生影响。源区主要以高寒草原生态系统为主，草地退化、植被减少、冻土消融等加速了土壤侵蚀，改变了水分平衡，促使生态系统退化（Cai et al.，2015；Gao et al.，2016；Xu et al.，2018）。上中游大中型水利枢纽集中，虽兼顾生态和流域经济发展在调度运行，但也对黄河水生态系统造成了一定的负面影响。再者，黄土高原的水土流失、荒漠化，流域内污染物的汇入等，不但影响了水质，而且对整个水生态系统的生物组分也造成了负面影响。刘家峡到河口段底栖动物中耐污能力较强的寡毛类占较大比重，而抗污能力较差的摇蚊数量减少；鱼类个体小型化，种群年龄结构低龄化，资源量和多样性更是大幅下降（Liu & Zhao，2017；Xie et al.，2018）。黄河流域自然生态功能退化，水生生物资源量、多样性降低，进而使得流域内水资源承载力下降，水生态系统物质循环、能量流动和服务功能减弱。

1.4 黄河痕量金属污染与鱼体累积研究进展

1.4.1 黄河水环境中痕量金属污染研究

黄河作为中国西北和华北地区重要的淡水资源，其水污染和水安全一直受到公众的关注。痕量金属尤其是重金属是一种危害性较大的污染物，在自然条件下具有持久性和不可降解性，且本身具有毒性，能够融入食物链对水生生物乃至人体健康产生严重威胁（Wang et al., 2013）。黄河流域面积达 79.5 万 km^2，不同区域自然地理条件和社会经济状况有所差异，因而不同河段痕量金属污染现状不同。2005～2009 年间，黄河源区地表水中 Cu、Zn、Cr、Cd 和 Hg 的含量均低于《地表水环境质量标准》中的 I 类水质标准，水质量总体较好，受人类活动影响相对较小（石丽娜等，2012）。赵海亮等（2016）于 2005～2013 年在对黄河源的 19 个监测断面水质研究中发现 Pb、Cu、Zn、Cr、Cd 和 Hg 含量也低于《地表水环境质量标准》中 I 类标准限值。进一步说明，在 2009～2013 年，黄河源区地表水在重痕量金属方面没有受到污染，水环境状况良好。源区生态环境状况总体较好，但近年来随着气候变化和人类活动干扰的加剧，黄河源区金属污染状况有待进一步研究。相对于黄河源区来说，黄河其他河段的金属污染相关研究相对较多。同时，由于受到更多的人类活动干扰，其部分河段水体存在金属污染。在王益民（2010）的研究中，黄河上游白银段水体 Cu、Pb、Zn 和 Cd 浓度显著高于兰州段（$p<0.05$），各金属元素浓度值均低于《地表水环境质量标准》中III类水标准；仅白银段 Pb 的含量超过了中国《生活饮用水卫生标准》（GB 5749—2006）限值，可能给饮用水带来一定的安全隐患，其他金属污染均未达到严重污染水平。2011 年黄河上游甘宁蒙段水体中金属平均浓度 Cr（64.4 μg/L）>Ni（5.37 μg/L）>As（4.38 μg/L）>Cu（1.85 μg/L）>Zn（1.28 μg/L）>Pb（0.117 μg/L）>Cd（0.031 μg/L）>Hg（低于检测限），Cr 浓度超过了地表水环境质量III类标准限值（50 μg/L），该区段受到了一定程度的人类活动污染（Liu & Liu, 2013）。而 2014 年调查结果显示，甘宁蒙段水体中 As、Cd、Cr、Co、Cu、Mn、Ni、Pb 和 Zn 浓度变化表现出一定的季节性差异，平均浓度从枯水期到平水期呈增加趋势，并且与地区的 GDP 变化一致；参考世界卫生组织、中国和美国的饮用水环境质量标准，Mn、Cu 和 Pb 含量在平水期因人类活动而超出了标准限值（Zuo et al., 2016）。在 1988～1990 年，黄河中游就有高的 Hg、As 污染，大成河段水体 Hg 的含量高达 5.9 μg/L，超标 4.9 倍；As 主要来自黄土高原水土流失，大成河段 As 含量年最高达 3990 μg/L，超标 48.9 倍（王金玲，1993）。黄河下游作为污染物的汇集段，金属含量通常较高，但近年来污染状况有所改善。黄河下游三花河段 1996 年水体 Cu、Pb、Zn、Cd、Hg 和 As 超《地表水环境质量标准》V 类水标准值（赵沛伦，1996）。山东段 2013～2017 年水体 Cu、Pb、Cd、Hg 和 As 浓度都相对较低，远小于《地表水环境质量标准》中的III类水质标准；其中，Hg 和 As 含量总体随时间的推移呈下降趋势，可能与黄河下游河床抬升、该区域工业企业运营方式改变、国家治污力度增大等有关（李华栋等，2019）。整体而言，黄河中下游部分河段水体存在金属污染，上游水质良好。

黄河是世界上悬浮泥沙含量最高的河流之一，其 90%的泥沙是来自于黄河中游的黄土高原区域（Ren & Shi，1986），2000~2005 年期间平均泥沙入海通量为每年 1.5 亿 t，相比 1970 年的 10.8 亿 t 虽然显著下降，但其泥沙含量基数仍然较大（Wang et al.，2007）。研究指出进入水体的金属在水中仅少量存留，较大一部分会被吸附到泥沙颗粒物上，并且最终进入到沉积物中（曹永涛等，2017；Malvandi，2017）。而沉积物再悬浮和解吸又会使得大量金属再次释放到水体中（Ip et al.，2005）。因此，对于像黄河这样的多泥沙河流，除了水体中的溶解性金属，悬浮泥沙颗粒物和沉积物中吸附、储存了大量的金属，其对整个水生态系统的影响不容忽视。2007 年黄河上游内蒙古磴口县至托克托县区段悬浮颗粒物中金属污染要高于沉积物，但整体都在无污染到中度污染范围内；悬浮物中主要以 Hg、Zn 和 Cd 污染为主，沉积物主要受 Hg 污染（赵锁志等，2008）。2014 年黄河甘宁蒙段沉积物中 Cr、Pb、Cd、Co、Cu 和 Zn 浓度高于甘肃和宁夏河段；造成 Cr 和 Cd 具有较高毒性和转移能力，属于人为来源，对周围环境可能会构成危害；Co 和 Cd 污染可能与研究区域的社会经济发展有关（Ma et al.，2016）。2016 年黄河中游河南段沉积物中金属的浓度排序为：Zn＞Cr＞Cu＞Ni＞Pb＞As＞Cd；近 50%的位点有 Cu 和 Cr 累积，根据潜在的生态风险评价结果，洛河和伊洛河支流中的 Cd 对生态系统和人类健康构成高风险，花园口断面和伊洛河中 Cu 处于中等风险（Yan et al.，2016）。2013~2017 年黄河山东段泺口和利津断面悬浮颗粒物中金属平均浓度 Pb＞Cu＞As＞Cd＞Hg，均高于该地区土壤背景值；其中，Hg 污染最严重，泺口和利津断面 Hg 含量分别为土壤背景值的 49 倍和 40 倍（李华栋等，2019）。黄河下游人口密集、区域内工业企业众多，且分布有黄河灌区等农业发展区，加之上、中游的不断汇集，使得河口区金属污染较重（Wang et al.，2018；Zhang et al.，2018）。在 2000~2001 年的研究中发现，近 20 年来人为因素对黄河口悬浮颗粒物中金属浓度的影响不明显（Qiao et al.，2007）。2016 年黄河口沉积物中 Pb 和 Hg 的浓度分别高出背景值 1.74 倍和 1.24 倍，可能会对河口生态环境造成不利的影响，河口区的金属污染总体状况不容乐观（Lin et al.，2016）。

1.4.2　黄河鱼类对痕量金属生物富集及其食用风险

正如研究背景中所述，相比于 20 世纪七八十年代，目前黄河鱼类多样性和资源量都显著降低。随着社会经济发展，人类活动强度增加，水环境污染的逐渐加重可能是渔业资源量衰退的主要原因之一。而黄河水环境中痕量金属尤其是重金属局部污染现状不容乐观，不同时间和空间范围内污染程度有所差异。黄河鱼类对水环境中金属的富集状况及其人类食用的健康风险的评价具有重要意义。

早在 1994 年，雷志洪等（1994）就对黄河源区的花斑裸鲤和拟鲇高原鳅体内 Cr、Cd 和 Pb 等 12 种金属富集进行了研究，两种鱼体金属浓度无显著差异，除

Hg 以外都显著低于地壳中的浓度。黄河上游兰州段黄河高原鳅和黄河鮈肝脏中 Cu 和 Pb、肾脏中 Pb 和 Cd 含量相对较高，黄河鮈鳃更容易富集必需金属元素 Cu 和 Zn；两种鱼体肌肉中金属浓度均低于国家《农产品安全质量 无公害水产品安全要求》规定的限值，预示着这两种鱼的食用对人类无健康风险（Wang et al.，2010b）。在 1982~1983 年、1988 年、1996 年、2002~2004 年及 2008~2010 年对黄河上游宁夏段鱼体 Hg 的富集研究中发现：在 20 世纪 80 年代到 21 世纪初，经济鱼类 Hg 含量受到水环境污染的影响较大；随后因甘肃和宁夏对涉汞企业的整治使得鱼类受汞的污染有所减轻，但对人类食鱼仍然有一定的健康风险（董川和韩志勇，2013）。黄河上游包头段鲤鱼、鲫鱼、团头鲂等主要经济鱼类中 Pb 和 Zn 在非肌肉部分有高的富集量，应该尽可能地选择肌肉供人类食用以规避健康风险（Lü et al.，2011）。在对黄河中游龙门-三门峡段鱼体 Pb、Cd、Hg、Zn 和 Cu 的研究中发现 Hg 超标率为 7.1%，其余 4 种金属浓度均未超过食品卫生国家标准，主要是兰州鲇肌肉样品中 Hg 含量超标 1.03 倍，其可能主要从该区段水体中富集而来（任惠丽等，2008）。有学者在对黄河河口区的 11 种鱼体中 As、Hg 和 V 的研究中发现，As 和 Hg 的浓度均低于国内外相关组织规定的标准限值；V 的平均浓度要显著高于其他地区；鱼类样品中的金属污染水平处于可接受的范围内，对人类食用健康无潜在危害（Liu et al.，2018a）。河口区其他金属如 Pb、Cd 和 Cr 等在鲤鱼、鲫鱼等体内的含量与 20 年前相比显著增加，但均低于我国食品安全国家标准中食品中污染物限量值，同时健康风险评价得出人类在食用这些鱼时无安全风险（Liu et al.，2018b）。就先前的研究来看，除少部分河段中个别金属（如中游兰州鲇体内的 Hg）在鱼体含量超标外，黄河鱼类痕量金属富集量在可接受的范围内，对人类食用健康无潜在的风险。

1.5 黄河流域痕量金属污染及风险管控科技需求

黄河作为中华文明最主要的发祥地，担负着流域内及周边的供水、粮食安全、能源安全、经济发展和生态调控与维持的重任，是共建"一带一路"的重要支撑地区。当前，黄河流域生态保护和高质量发展更是被提升到国家战略层面。随着社会经济发展，全球气候变化和人类活动的共同作用下，流域生态环境状况出现了诸多问题。从以上综述可知，土地荒漠化、水资源短缺且供需失衡及水土流失等生态环境问题都在通过一定的政策、生态保护措施的实施去减缓、恢复，目前已取得一定成效。而局部水污染、渔业资源及物种多样性下降、水生态系统结构和功能的改变等问题和流域发展还存在着诸多矛盾。同时，局部水体污染尤其是痕量金属在黄河大空间尺度下的分布特征、鱼体累积及人类食用健康风险等缺乏全面、系统的研究。金属污染作为全球最为关注的水污染问题之一，其含量过高会影响水生生态系统的结构和功能,甚至危及人类健康。目前,学者们对于黄河水环境中金属在鱼体累积及人类健康风险已进行了部分研究,但仍然存在一些不足之处,需要进一步研究和探讨:

(1)目前,对于黄河水环境中金属浓度与分布研究主要集中在部分河段,同一研究中主要关注水体或沉积物等单一介质,缺乏对大空间尺度下多相介质中金属浓度与分布方面的研究,尤其是针对黄河高悬浮泥沙中金属的研究。

(2)对于金属在鱼体累积方面的研究,主要集中在部分河段如兰州段、河口等区域。同时,鱼种相对单一,缺乏从大空间尺度下多种食性或营养级及组织角度研究金属富集特征及人类食用健康风险。

(3)黄河拥有丰富的渔业资源和极高的水生生物多样性。但随着气候变化和人类活动的加剧,珍稀特有鱼类部分灭绝,受威胁鱼种数量增加,受威胁等级被提升。现有研究缺乏从珍惜鱼类资源保护角度对受威胁鱼类中金属污染状况及富集特征方面的研究。

(4)流域人口增加、工农业发展以及对自然资源的开发利用会带来一定的金属污染。黄河自西向东横跨九省(区),流域内社会经济状况、工农业分布、人类活动强度、植被类型与覆盖状况存在差异。这些影响因素与水环境介质中金属浓度分布存在怎样的关系目前尚未清楚。从流域层面构建宏观经济发展指标与水环境中金属浓度分布之间的量化关系有助于理解发展中国家经济发展与生态环境质量之间的关系和过程。

鉴于此,本书以黄河源区至入海口整个干流为研究区域,以水体、悬浮物、沉积物及鱼体组织中痕量金属为研究对象,在气候变化和人类活动加剧的背景下探讨黄河干流水库-河流系统中痕量金属分布特征、鱼体累积及人类食用健康风险。同时,结合流域土地覆盖和社会经济要素来探讨人类活动对黄河干流痕量金属分布的影响。以期系统地回答"黄河干流各环境介质及鱼体组织中痕量金属分布现状如何?痕量金属在鱼体的生物富集效应如何?宏观尺度上,流域内人类活动与水环境中痕量金属污染之间的关系如何?"等科学问题。本书研究成果将为黄河痕量金属污染来源分析与风险管控提供数据支撑;为黄河渔业资源及多样性保护,人类食鱼健康风险提供指导及建议;进一步促进黄河流域水生态系统结构、功能完整性和稳定性,为流域生态环境保护和社会经济高质量发展提供基础数据。

参 考 文 献

曹永涛,夏修杰,万强,等.2017.2017年黄河下游小浪底至陶城铺河段洪水预演实体模型试验.郑州:黄河水利科学研究院,31-32.

陈海涛.2013.人类经济活动对水域生态系统的影响分析——以杨凌示范区为例.杨凌:西北农林科技大学硕士学位论文.

崔松林,李利红,胡振平,等.2013.黄河干流山西段鱼类组成及群落结构分析.水产学杂志,26(5):30-34.

戴树桂. 2006. 环境化学. 第二版. 北京：高等教育出版社.
董川, 韩志勇. 2013. 黄河宁夏段三十年来汞污染对经济鱼类的影响分析. 环球市场信息导报（理论），12：115.
郭玉涛, 何兴照, 刘晓燕, 等. 2014. 陕北黄河中游淤地坝拦沙功能失效的判断标准. 地理学报, 69（1）：73-79.
韩明轩. 2009. 黄河流域渔业资源调查及可持续利用研究. 北京：中国农业科学院硕士学位论文.
胡春宏. 2018. 黄河流域水沙变化机理与趋势预测. 中国环境管理，10（1）：97-98.
环境保护部, 国土资源部. 2014. 全国土壤污染状况调查公报. https://www.mee.gov.cn/gkml/sthjbgw/qt/201404/W020140417558995804588.pdf.
黄桂林. 2005. 青海三江源区湿地状况及保护对策. 林业资源管理，4：35-39.
姜德文. 2019. 新时代黄河流域水土保持战略举措探讨. 中国水利，21：3-5, 20.
蒋冲, 高艳妮, 李芬, 等. 2017. 1956～2010年三江源区水土流失状况演变. 环境科学研究, 30（1）：20-29.
雷志洪, 徐小清, 惠嘉玉, 等. 1994. 鱼体痕量元素的生态化学特征研究. 水生生物学报, 18（4）：309-315.
李国荣, 李希来, 陈文婷, 等. 2017. 黄河源区退化草地水土流失规律. 水土保持学报, 31（5）：51-55, 63.
李华栋, 宋颖, 王倩倩, 等. 2019. 黄河山东段水体重金属特征及生态风险评价. 人民黄河, 41（4）：51-57.
李任时, 邵治涛, 张红红, 等. 2014. 近30年来黄河上游荒漠化时空演变及成因研究. 世界地质, 33（2）：494-494.
李晓英, 吴淑君, 蔡晨凯, 等. 2019. 黄河流域陆地水储量时空变化. 哈尔滨工程大学学报, 40（11）：1833-1838.
李雪松, 李婷婷. 2016. 中国水安全综合评价与实证研究. 南水北调与水利科技, 14（3）：162-168.
李智佩. 2006. 中国北方荒漠化形成发展的地质环境研究. 西安：西北大学博士学位论文.
刘昌明, 田巍, 刘小莽, 等. 2019. 黄河近百年径流量变化分析与认识. 人民黄河, 41（10）：11-15.
刘璐璐. 2017. 近30年来长江源区与黄河源区土地覆被及其变化对比分析. 地理科学, 2（37）：154-163.
刘秀, 刘永和, 赵建民, 等. 2019. 1998年以来黄河干流水资源量变化特征分析. 人民黄河, 41（2）：70-75.
刘英, 李遥, 鲁杨, 等. 2019. 2000～2016年黄土高原地区荒漠化遥感分析. 遥感信息, 34（2）：30-35.
乔飞, 富国, 徐香勤, 等. 2018. 三江源区水源涵养功能评价. 环境科学研究, 31（6）：1010-1018.
乔秋文, 蔡新玲, 廖春梅. 2019. 黄河上游梯级水电站兴利调度分析. 中国防汛抗旱, 29（6）：5-8.
郄妍飞, 颜长珍, 宋翔, 等. 2008. 近30a黄河源地区荒漠遥感动态监测. 中国沙漠, 28（5）：405-409.
任惠丽, 杨元昊, 王绿洲, 等. 2008. 黄河龙门-三门峡渔业水域环境评价及鱼体重金属残留研究. 水利渔业, 28(3)：88-90.
茹辉军, 王海军, 赵伟华, 等. 2010. 黄河干流鱼类群落特征及其历史变化. 生物多样性, 18（2）：169-176.
石丽娜, 赵旭东, 倪天茹, 等. 2012. 青海省三江源黄河源区地表水水质状况. 贵州农业科学, 40（4）：220-223.
舒莹. 2008. 黄河尾闾故道区荒漠化成因及治理对策研究. 环境科学与管理, 33（8）：134-137.
宋相龙, 肖克炎, 丁建华, 等. 2017. 全国重要固体矿产重点成矿区带数据集. 中国地质, 44（S1）：72-81.
孙国红, 沈跃, 徐应明, 等. 2011. 基于Box-Jenkins方法的黄河水质时间序列分析与预测. 农业环境科学学报, 30（9）：1888-1895.
王海东, 方凤满, 谢宏芳. 2010. 中国水体重金属污染研究现状与展望. 广东微量元素科学, 17（1）：14-18.
王金玲. 1993. 黄河中游地区的水土流失与河流有害污染物关系浅析. 中国水土保持, 3：49-51.
王瑞玲, 连煜, 王新功, 等. 2013. 黄河流域水生态保护与修复总体框架研究. 人民黄河, 5（10）：107-110.
王益昌, 沈红保, 张军燕, 等. 2017. 黄河干流陕西段鱼类种类组成及群落多样性. 淡水渔业, 47（1）：56-60, 106.
王益民. 2010. 黄河兰州段水环境污染对鱼类毒性效应研究. 兰州：兰州大学博士学位论文.
王煜, 彭少明, 郑小康. 2018. 黄河流域水量分配方案优化及综合调度的关键科学问题. 水科学进展, 29（5）：614-624.
徐浩. 2017. 气候变化对黄河源地区沙漠化的影响与风险评价. 兰州：兰州大学硕士学位论文.
张金良. 2019. 黄河-西北生态经济带建设的水战略思考. 人民黄河, 41（1）：37-40, 57.

张宁宁,粟晓玲,周云哲,等.2019.黄河流域水资源承载力评价.自然资源学报,34(8):1759-1770.

张冉,王义民,畅建霞,等.2019.基于水资源分区的黄河流域土地利用变化对人类活动的响应.自然资源学报,34(2):56-69.

张晓龙,沈冰,黄领梅,等.2018.基于多源数据集估算缺资料地区地表净辐射及其时空变化特征.西安理工大学学报,34(4):5-13.

赵海亮,曹广超,蒋刚.2016.青海省三江源区地表水水质变化研究.攀枝花学院学报:综合版,32(2):18-21.

赵沛伦.1996."泥沙对黄河水质的影响及重点河段水污染控制的研究"综述.人民黄河,7:15-18.

赵锁志,刘丽萍,王喜宽,等.2008.黄河内蒙古段上覆水,悬浮物和底泥重金属特征及生态风险研究.现代地质,22(2):304-312.

周日平.2019.中国荒漠化分区与时空演变.地球信息科学学报,21(5):675-687.

周帅,王义民,畅建霞,等.2019.黄河流域干旱时空演变的空间格局研究.水利学报,50(10):1231-1241.

Abdel-Khalek A A, Elhaddad E, Mamdouh S, et al. 2016. Assessment of metal pollution around Sabal drainage in River Nile and its impacts on bioaccumulation level, metals correlation and human risk hazard using *Oreochromis niloticus* as a bioindicator. Turkish Journal of Fisheries and Aquatic Sciences, 16: 227-239.

Ahmed A S S, Rahman M, Sultana S, et al. 2019. Bioaccumulation and heavy metal concentration in tissues of some commercial fishes from the Meghna River Estuary in Bangladesh and human health implications. Marine Pollution Bulletin, 145: 436-447.

Ahmed M K, Shaheen N, Islam M S, et al. 2015. Dietary intake of trace elements from highly consumed cultured fish (*Labeo rohita*, *Pangasius pangasius* and *Oreochromis mossambicus*) and human health risk implications in Bangladesh. Chemosphere, 128: 284-292.

Alamdar A, Eqani S A M A S, Hanif N, et al. 2017. Human exposure to trace metals and arsenic via consumption of fish from river Chenab, Pakistan and associated health risks. Chemosphere, 168: 1004-1012.

Alfaro A C, Thomas F, Sergent L, et al. 2006. Identification of trophic interactions within an estuarine food web (northern New Zealand) using fatty acid biomarkers and stable isotopes. Estuarine Coastal and Shelf Science, 70 (1-2): 271-286.

Ali H, Khan E, Ilahi I. 2019. Environmental chemistry and ecotoxicology of hazardous heavy metals: Environmental persistence, toxicity, and bioaccumulation. Journal of Chemistry, 4: 1-14.

Amin B, Ismail A, Arshad A, et al. 2009. Anthropogenic impacts on heavy metal concentrations in the coastal sediments of Dumai, Indonesia. Environmental Monitoring and Assessment, 148 (1): 291-305.

Arnot J A, Gobas F A. 2006. A review of bioconcentration factor (BCF) and bioaccumulation factor (BAF) assessments for organic chemicals in aquatic organisms. Environmental Reviews, 14 (4): 257-297.

Baki M A, Hossain M M, Akter J, et al. 2018. Concentration of heavy metals in seafood (fishes, shrimp, lobster and crabs) and human health assessment in Saint Martin Island, Bangladesh. Ecotoxicology and Environmental Safety, 159: 153-163.

Barbosa M O, Moreira N F F, Ribeiro A R, et al. 2016. Occurrence and removal of organic micropollutants: An overview of the watch list of EU Decision 2015/495. Water Research, 94: 257-279.

Belivermis M, Kilic O, Cotuk Y. 2016. Assessment of metal concentrations in indigenous and caged mussels (*Mytilus galloprovincialis*) on entire Turkish coastline. Chemosphere, 144: 1980-1987.

Beltaos S, Burrell B C. 2015. Characteristics of suspended sediment and metal transport during ice breakup, Saint John River, Canada. Cold Regions Science & Technology, 123: 164-176.

Bleise A R, Smodiš B, Glavic-Cindro D, et al. 1999. IAEA internet database of natural matrix reference materials.

Biological Trace Element Research, 71 (1): 47-53.

Böck K, Polt R, Schülting L. 2018. Ecosystem services in river landscapes. *In*: Schmutz S, Sendzimir J. Riverine Ecosystem Management: Science for Governing Towards a Sustainable Future. Berlin Heidelberg: Springer, 413-433.

Bond A L. 2010. Relationships between stable isotopes and metal contaminants in feathers are spurious and biologically uninformative. Environmental Pollution, 158 (5): 1182-1184.

Burkhard L P. 2003. Factors influencing the design of bioaccumulation factor and biota sediment accumulation factor field studies. Environmental Toxicology and Chemistry, 22 (2): 351-361.

Caeiro S, Costa M H, Ramos T B, et al. 2005. Assessing heavy metal contamination in Sado Estuary sediment: An index analysis approach. Ecological Indicators, 5 (2): 151-169.

Cai H Y, Yang X H, Xu X L. 2015. Human-induced grassland degradation/restoration in the central Tibetan Plateau: The effects of ecological protection and restoration projects. Ecological Engineering, 83: 112-119.

Chen B, Wang M, Duan M X, et al. 2019. In search of key: Protecting human health and the ecosystem from water pollution in China. Journal of Cleaner Production, 228: 101-111.

Chen Y P, Fu B J, Zhao Y, et al. 2020. Sustainable development in the Yellow River Basin: Issues and strategies. Journal of Cleaner Production, 263: 121223.

Chi Y, Shi H, Zheng W, et al. 2018. Spatiotemporal characteristics and ecological effects of the human interference index of the Yellow River Delta in the last 30 years. Ecological Indicators, 89: 880-892.

Chouvelon T, Strady E, Harmelin-Vivien M, et al. 2019. Patterns of trace metal bioaccumulation and trophic transfer in a phytoplankton-zooplankton-small pelagic fish marine food web. Marine Pollution Bulletin, 146: 1013-1030.

Dallinger R. 1993. Strategies of metal detoxification in terrestrial invertebrates. *In*: Dallinger R, Rainbow P S. Ecotoxicology of Metals in Invertebrates. Boca Raton: Lewis Publishers, 245-289.

Das K K, Das S N, Dhundasi S A. 2008. Nickel, its adverse health effects & oxidative stress. Indian Journal of Medical Research, 128 (4): 412-425.

Ding Z Y, Wang Y Y, Lu R J. 2018. An analysis of changes in temperature extremes in the Three River Headwaters region of the Tibetan Plateau during 1961—2016. Atmospheric Research, 209: 103-114.

Dong J W, Xia X H, Zhai Y W. 2013. Investigating particle concentration effects of polycyclic aromatic hydrocarbon (PAH) sorption on sediment considering the freely dissolved concentrations of PAHs. Journal of Soils and Sediments, 13: 1469-1477.

Dregne H E, Kassas M, Rozanov B. 1991. A new assessment of the world status of desertification. Desertification Control Bulletin, 20: 6-19.

Duan Z H, Zhao S, Zhao L J, et al. 2020. Microplastics in Yellow River delta wetland: Occurrence, characteristics, human influences, and marker. Environmental Pollution, 258: 113232.

Dudgeon D, Arthington A H, Gessner M O, et al. 2006. Freshwater biodiversity: Importance, threats, status and conservation challenges. Biological Reviews, 81 (2): 163-182.

EFSA (European Food Safety Authority) Panel on Contaminants in the Food Chain. 2015. Scientific opinion on the risks to public health related to the presence of nickel in food and drinking water. EFSA Journal, 13 (2): 4002.

FAO (Food and Agriculture Organization of the United Nations). 2014. The State of World Fisheries and Aquaculture. Rome, Italy: Food and Agriculture Organization of the United Nations. https://www.docin.com/p-1865124233.html.

Fisk A T, Hobson K A, Norstrom R J. 2011. Influence of chemical and biological factors on trophic transfer of persistent organic pollutants in the North water Polynya marine food web. Environmental Science & Technology, 35: 732-738.

Gaillardet J, Viers J, Dupré B. 2005. Trace elements in river waters. *In*: Drever J I. Treatise on Geochemistry. Amsterdam:

Elsevier, 5: 225-272.

Gao P, Deng J C, Chai X K, et al. 2017. Dynamic sediment discharge in the Hekou-Longmen region of Yellow River and soil and water conservation implications. Science of the Total Environment, 578: 56-66.

Gao T G, Zhang T J, Cao L, et al. 2016. Reduced winter runoff in a mountainous permafrost region in the northern Tibetan Plateau. Cold Regions Science and Technology, 126: 36-43.

Griboff J, Wunderlin D A, Monferran M V. 2017. Metals, As and Se determination by inductively coupled plasma-mass spectrometry (ICP-MS) in edible fish collected from three eutrophic reservoirs. Their consumption represents a risk for human health? Microchemical Journal, 130: 236-244.

Grizzetti B. 2012. Spatially explicit monetary valuation of water purification services in the Mediterranean bio-geographical region. International Journal of Biodiversity Science, Ecosystem Services & Management, 8 (1-2): 26-34.

Grizetti B, Lanzanova D, Liquete C, et al. 2016. Assessing water ecosystem services for water resource management. Environmental Science & Policy, 61: 194-203.

Gu S J, Lu C X, Qiu J G. 2019. Quantifying the degree of water resource utilization polarization: A case study of the Yellow River Basin. Journal of Resources and Ecology, 10 (1): 21-28.

Gu Y G, Lin Q, Huang H H, et al. 2017. Heavy metals in fish tissues/stomach contents in four marine wild commercially valuable fish species from the western continental shelf of South China Sea. Marine Pollution Bulletin, 114: 1125-1129.

Gu Y G, Lin Q, Wang X H, et al. 2015. Heavy metal concentrations in wild fishes captured from the South China Sea and associated health risks. Marine Pollution Bulletin, 96: 508-512.

Gyimah E, Akoto O, Mensah J K, et al. 2018. Bioaccumulation factors and multivariate analysis of heavy metals of three edible fish species from the Barekese reservoir in Kumasi, Ghana. Environmental Monitoring and Assessment, 190 (9): 1-9.

Han F X X, Banin A, Su Y, et al. 2002. Industrial age anthropogenic inputs of heavy metals into the pedosphere. Naturwissenschaften, 89 (11): 497-504.

He W, Lee J, Hur J. 2016. Anthropogenic signature of sediment organic matter probed by UV-Visible and fluorescence spectroscopy and the association with heavy metal enrichment. Chemosphere, 150: 184-193.

Ip C C M, Li X D, Zhang G, et al. 2005. Heavy metal and pb isotopic compositions of aquatic organisms in the Pearl river estuary, South China. Environmental Pollution, 138 (3): 494-504.

Jarup L, Akesson A. 2009. Current status of cadmium as an environmental health problem. Toxicology and Applied Pharmacology, 238 (3): 201-208.

Jayaprakash M, Kumar R S, Giridharan L, et al. 2015. Bioaccumulation of metals in fish species from water and sediments in macrotidal Ennore creek, Chennai, SE coast of India: A metropolitan city effect. Ecotoxicology and Environmental Safety, 120: 243-255.

Jiang C, Zhang H Y, Zhang Z D, et al. 2019. Model-based assessment soil loss by wind and water erosion in China's Loess Plateau: Dynamic change, conservation effectiveness, and strategies for sustainable restoration. Global and Planetary Change, 172: 396-413.

Joint FAO/WHO Expert Committee on Food Additives. 2004. Evaluation of certain food additives and contaminants. In Sixty-first report of the joint FAO/WHO expert committee on food additives. Geneva: WHO Technical Report Series.

Jović M, Stanković S. 2014. Human exposure to trace metals and possible public health risks via consumption of mussels *Mytilus galloprovincialis* from the Adriatic coastal area. Food and Chemical Toxicology, 70, 241-251.

Kalantzi I, Papageorgiou N, Sevastou K, et al. 2014. Metals in benthic macrofauna and biogeochemical factors affecting their trophic transfer to wild fish around fish farm cages. Science of the Total Environment, 470: 742-753.

Kalantzi I, Shimmield T M, Pergantis S A, et al. 2013. Heavy metals, trace elements and sediment geochemistry at four Mediterranean fish farms. Science of the Total Environment, 444: 128-137.

Kelly J R, Scheibling R E. 2012. Fatty acids as dietary tracers in benthic food webs. Marine Ecology Progress Series, 446: 1-22.

Kennish M J. 1997. Pollution Impacts on Marine Biotic Communitie. Boca Raton, FL.: CRC Press.

Kharlamenko V I, Kiyashko S I, Imbs A B, et al. 2001. Identification of food sources of invertebrates from the seagrass Zostera marina community using carbon and sulfur stable isotope ratio and fatty acid analyses. Marine Ecology Progress Series, 220, 103-117.

Kumar V, Sinha A K, Rodrigues P P, et al. 2015. Linking environmental heavy metal concentrations and salinity gradients with metal accumulation and their effects: A case study in 3 mussel species of Vitória estuary and Espírito Santo bay, Southeast Brazil. Science of the Total Environment, 523: 1-15.

Le Croizier G, Schaal G, Gallon R, et al. 2016. Trophic ecology influence on metal bioaccumulation in marine fish: Inference from stable isotope and fatty acid analyses. Science of the Total Environment, 573: 83-95.

Li R, Tang X Q, Guo W J, et al. 2020. Spatiotemporal distribution dynamics of heavy metals in water, sediment, and zoobenthos in mainstem sections of the middle and lower Changjiang River. Science of the Total Environment, 714: 136779.

Liang P, Wu S C, Zhang, J, et al. 2016. The effects of mariculture on heavy metal distribution in sediments and cultured fish around the Pearl River Delta region, south China. Chemosphere, 148: 171-177.

Lin H Y, Sun T, Xue S F, et al. 2016. Heavy metal spatial variation, bioaccumulation, and risk assessment of *Zostera japonica* habitat in the Yellow River Estuary, China. Science of the Total Environment, 541: 435-443.

Lisitsyn A P, Lukashin V N, Gurvich Y G, et al. 1982. The relation between element influx from rivers and accumulation in ocean sediments. Geochemistry International, 19 (1): 102-110.

Liu H Q, Liu G J, Wang S S, et al. 2018a. Distribution of heavy metals, stable isotope ratios (δ^{13}C and δ^{15}N) and risk assessment of fish from the Yellow River Estuary, China. Chemosphere, 208: 731-739.

Liu J H, Cao L, Dou S Z, et al. 2019. Trophic transfer, biomagnification and risk assessments of four common heavy metals in the food web of Laizhou Bay, the Bohai Sea. Science of the Total Environment, 670: 508-522.

Liu J J, Liu Y. 2013. Study on heavy metals and ecological risk assessment from Gansu, Ningxia and Inner Mongolia sections of the Yellow River, China. Spectroscopy and Spectral Analysis, 33 (12): 3249-3254.

Liu K K, Li C H, Yang X L, et al. 2012. Water resources supply-consumption (demand) balance analyses in the Yellow River Basin in 2009. Procedia Environmental Sciences, 13: 1956-1965.

Liu S S, Zhao H X, Lehmler H J, et al. 2017. Antibiotic pollution in marine food webs in Laizhou Bay, North China: Trophodynamics and human exposure implication. Environmental Science & Technology, 51: 2392-2400.

Liu X F, Zhang J S, Zhu X F, et al. 2014. Spatiotemporal changes in vegetation coverage and its driving factors in the Three-River Headwaters Region during 2000—2011. Journal of Geographical Sciences, 24 (2): 288-302.

Liu Y, Liu G J, Yuan Z J, et al. 2018b. Heavy metals (As, Hg and V) and stable isotope ratios (δ^{13}C and δ^{15}N) in fish from Yellow River Estuary, China. Science of the Total Environment, 613-614: 462-471.

Lü C W, He J, Fan Q Y, et al. 2011. Accumulation of heavy metals in wild commercial fish from the Baotou Urban Section of the Yellow River, China. Environmental Earth Sciences, 62 (4): 679-696.

Ma X L, Zuo H, Tian M J, et al. 2016. Assessment of heavy metals contamination in sediments from three adjacent regions of the yellow river using metal chemical fractions and multivariate analysis techniques. Chemosphere, 144:

264-272.

Malvandi H. 2017. Preliminary evaluation of heavy metal contamination in the Zarrin-Gol River sediments, Iran. Marine Pollution Bulletin, 117 (1-2), 547-553.

Mansour S A, Sidky M M. 2002. Ecotoxicological studies. 3. Heavy metals contaminating water and fish from Fayoum Governorate, Egypt. Food Chemistry, 78 (1): 15-22.

Martin J M, Guan D M, Elbaz-Poulichet F, et al. 1993. Preliminary assessment of the distributions of some trace elements (As, Cd, Cu, Fe, Ni, Pb and Zn) in a pristine aquatic environment: The Lena River estuary (Russia). Marine Chemistry, 43 (1-4): 185-199.

Martin J M, Whitfield M. 1983. The Significance of River Input of Chemical Elements to the Ocean. In: Wong C S, Boyle E, Bruland K W, et al. Trace Metals in Sea Water. Berlin Heidelberg: Springer, 9: 265-296.

Martin S, Griswold W. 2009. Human health effects of heavy metals. Environmental Science and Technology Briefs for Citizens, 15: 1-6.

Maurya P K, Malik D S, Yadav K K, et al. 2019. Bioaccumulation and potential sources of heavy metal contamination in fish species in River Ganga basin: Possible human health risks evaluation. Toxicology Reports, 6: 472-481.

McLennan S M. 1995. Sediments and soils: Chemistry and abundances. In: Ahrens T J. Rock Physics & Phase Relations, A Handbook of Physical Constants. Washington DC: American Geophysical Union, 3: 8-19.

Negri A, Burns K, Boyle S, et al. 2006. Contamination in sediments, bivalves and sponges of McMurdo Sound, Antarctica. Environmental Pollution, 143 (3): 456-467.

Northey S A, Mudd G M, Werner T T, et al. 2017. The exposure of global base metal resources to water criticality, scarcity and climate change. Global Environmental Change, 44: 109-124.

Ouali N, Belabed B E, Chenchouni H. 2018. Modelling environment contamination with heavy metals in flathead grey mullet *Mugil cephalus* and upper sediments from north African coasts of the Mediterranean Sea. Science of the Total Environment, 639: 156-174.

Pacyna J M, Sundseth K, Pacyna E G. 2016. Sources and Fluxes of Harmful Metals. In: Pacyna J M, Pacyna E G. Environmental Determinants of Human Health, Molecular and Integrative Toxicology. Berlin Heidelberg: Springer, 1-25.

Papagiannis I, Kagalou I, Leonardos J, et al. 2004. Copper and zinc in four freshwater fish species from Lake Pamvotis (Greece). Environment International, 30 (3): 357-362.

Parrish C C, Abrajano T A, Budge S M, et al. 2000. Lipid and phenolic biomarkers in marine ecosystems: analysis and applications. In: Wangersky P J. The Handbook of Environmental Chemistry. Berlin Heidelberg: Springer, 193-223.

Pei J, Yao H, Wang H, et al. 2018. Polybrominated diphenyl ethers (PBDEs) in water, surface sediment, and suspended particulate matter from the Yellow River, China: Levels, spatial and seasonal distribution, and source contribution. Marine Pollution Bulletin, 129 (1): 106-113.

Pieniak Z, Verbeke W, Olsen S O, et al. 2010. Health-related attitudes as a basis for segmenting European fish consumers. Food Policy, 35 (5): 448-455.

Poulton S W, Raiswell R. 2002. The low-temperature geochemical cycle of iron: From continental fluxes to marine sediment deposition. American Journal of Science, 302 (9): 774-805.

Qiao S Q, Yang Z H, Pan Y J, et al. 2007. Metals in suspended sediments from the Changjiang (Yangtze River) and Huanghe (Yellow River) to the sea, and their comparison. Estuarine, Coastal and Shelf Science, 74 (3): 539-548.

Qin K Y, Liu J Y, Yan L W, et al. 2019. Integrating ecosystem services flows into water security simulations in water scarce areas Present and future. Science of the Total Environment, 670: 1037-1048.

Rahman M M, Asaduzzaman M, Naidu R. 2013. Consumption of arsenic and other elements from vegetables and drinking water from an arsenic-contaminated area of Bangladesh. Journal of Hazardous Materials, 262: 1056-1063.

Rahman M S, Molla A H, Saha N, et al. 2012. Study on heavy metals levels and its risk assessment in some edible fishes from Bangshi River, Savar, Dhaka, Bangladesh. Food Chemistry, 134 (4): 1847-1854.

Ran Q H, Zong X Y, Ye S, et al. 2020. Dominant mechanism for annual maximum flood and sediment events generation in the Yellow River basin. Catena, 187: 104376.

Rauch J N, Pacyna J M. 2009. Earth's global Ag, Al, Cr, Cu, Fe, Ni, Pb, and Zn cycles. Global Biogeochemical Cycles, 23: 1-16.

Reiman J H, Xu Y J, He S, et al. 2018. Metals geochemistry and mass export from the Mississippi-Atchafalaya River system to the Northern Gulf of Mexico. Chemosphere, 205: 559-569.

Ren M E, Shi Y L. 1986. Sediment discharge of the Yellow River (China) and its effect on the sedimentation of the Bohai and the Yellow Sea. Continental Shelf Research, 6 (6): 785-810.

Revenga C, Tyrrell T. 2016. Major River Basins of the World. In: Finlayson C, Milton G, Prentice R, Davidson N. The Wetland Book. Berlin Heidelberg: Springer, 1-16.

Rodriguez-Iruretagoiena A, de Vallejuelo S F O, de Diego A, et al. 2016a. The mobilization of hazardous elements after a tropical storm event in a polluted estuary. Science of the Total Environment, 565: 721-729.

Rodriguez-Iruretagoiena A, Elejoste N, Gredilla A, et al. 2016b. Occurrence and geographical distribution of metals and metalloids in sediments of the Nerbioi-Ibaizabal estuary (Bilbao, Basque Country). Marine Chemistry, 185: 82-90.

Salomons W, Mook W G. 1977. Trace metal concentrations in estuarine sediments: Mobilization, mixing or precipitation. Netherlands Journal of Sea Research, 11 (2): 119-129.

Shi H L, Hu C H, Wang Y G, et al., 2017. Analyses of trends and causes for variations in runoff and sediment load of the Yellow River. International Journal of Sediment Research, 32 (2): 171-179.

Shi W, Guan X F, Han, Y, et al. 2018. Waterborne Cd^{2+} weakens the immune responses of blood clam through impacting Ca^{2+} signaling and Ca^{2+} related apoptosis pathways. Fish & Shellfish Immunology, 77: 208-213.

Strayer D L, Dudgeon D. 2010. Freshwater biodiversity conservation: Recent progress and future challenges. Journal of the North American Benthological Society, 29 (1): 344-358.

Subotić S, Spasić S, Višnjić-Jeftić Ž, et al. 2013. Heavy metal and trace element bioaccumulation in target tissues of four edible fish species from the Danube River (Serbia). Ecotoxicology and Environmental Safety, 98: 196-202.

Suedel B C, Boraczek J A, Peddicord R K, et al. 1994. Trophic transfer and biomagnification potential of contaminants in aquatic ecosystems. Reviews of Environmental Contamination and Toxicology, 136: 21-89.

Suresh G, Sutharsan P, Ramasamy V, et al. 2012. Assessment of spatial distribution and potential ecological risk of the heavy metals in relation to granulometric contents of Veeranam lake sediments, India. Ecotoxicology and Environmental Safety, 84: 117-124.

Telišman S, Čolak B, Pizent A, et al. 2007. Reproductive toxicity of low-level lead exposure in men. Environmental Research, 105 (2): 256-266.

Teng H F, Liang Z Z, Chen S C, et al. 2018. Current and future assessments of soil erosion by water on the Tibetan Plateau based on RUSLE and CMIP5 climate models. Science of the Total Environment, 635 (1): 673-686.

Thevenod F, Lee W K. 2013. Cadmium and cellular signaling cascades: Interactions between cell death and survival pathways. Archives of Toxicology, 87 (10): 1743-1786.

Thorne R J, Pacyna J M, Sundseth K, et al. 2018. Fluxes of Trace Metals on a Global Scale. Encyclopedia of the Anthropocene, 1: 93-102.

Trevizani T H, Lopes Figueira R C, Ribeiro A P, et al. 2016. Bioaccumulation of heavy metals in marine organisms and sediments from Admiralty Bay, King George Island, Antarctica. Marine Pollution Bulletin, 106 (1-2): 366-371.

UNIDO (United Nations Industrial Development Organization). 2018. International Yearbook of Industrial Statistics 2018. Cheltenham: Edward Elgar Publishing.

USEPA (U.S. Environmental Protection Agency). 2009. Risk-based concentration table. Philadelphia, PA: U.S. Environmental Protection Agency.

USFDA (U.S. Food and Drug Administration). 1993. Guidance Document for Arsenic in Shellfish. Washington: Food and Drug Administration, 25-27.

USGS (U.S. Geological Survey). 2019. Mineral commodity summaries 2019. U.S. Geological Survey.

Viers J, Dupre B, Gaillardet J. 2009. Chemical composition of suspended sediments in World Rivers: New insights from a new database. Science of The Total Environment, 407 (2): 853-868.

Wang H J, Yang Z S, Saito Y, et al. 2007. Stepwise decreases of the Huanghe (Yellow River) sediment load (1950—2005): Impacts of climate change and human activities. Global and Planetary Change, 57 (3-4): 331-354.

Wang J X, Huang J K, Xu Z G, et al. 2010a. Irrigation management reforms in the Yellow River Basin: Implications for water saving and poverty. Irrigation & Drainage, 56 (2-3): 247-259.

Wang J X, Shan Q, Liang X M, et al. 2020. Levels and human health risk assessments of heavy metals in fish tissue obtained from the agricultural heritage rice-fish-farming system in China. Journal of Hazardous Materials, 386: 121627.

Wang X Y, Zhao L L, Xu H Z, et al. 2018. Spatial and seasonal characteristics of dissolved heavy metals in the surface seawater of the Yellow River Estuary, China. Marine Pollution Bulletin, 137: 465-473.

Wang Y M, Chen P, Cui R N, et al. 2010b. Heavy metal concentrations in water, sediment, and tissues of two fish species (*Triplohysa pappenheimi*, *Gobio hwanghensis*) from the Lanzhou section of the Yellow River, China. Environmental Monitoring and Assessment, 165 (1): 97-102.

Wang Y, Liu R H, Fan D J, et al. 2013. Distribution and accumulation characteristics of heavy metals in sediments in southern sea area of Huludao City, China. Chinese Geographical Science, 23 (2): 194-202.

WHO (World Health Organization). 1996. Trace elements in human nutrition and health. Geneva: WHO Library Cataloguing in Publication Data.

Wohlfart C, Kuenzer C, Chen C, et al. 2016. Social-ecological challenges in the Yellow River Basin (China): A review. Environmental Earth Sciences, 75: 1066.

Xie J K, Xu Y P, Wang Y T, et al. 2019. Influences of climatic variability and human activities on terrestrial water storage variations across the Yellow River Basin in the recent decade. Journal of Hydrology, 579: 124218-124218.

Xie J Y, Tang W J, Yang Y H. 2018. Fish assemblage changes over half a century in the Yellow River, China. Ecology and Evolution, 8 (8): 4173-4182.

Xie Q, Qian L S, Liu S Y, et al. 2020. Assessment of long-term effects from cage culture practices on heavy metal accumulation in sediment and fish. Ecotoxicology and Environmental Safety, 194: 110433.

Xu M, Kang S C, Chen X L, et al. 2018. Detection of hydrological variations and their impacts on vegetation from multiple satellite observations in the Three-River Source Region of the Tibetan Plateau. Science of the Total Environment, 639: 1220-1232.

Yan N, Liu W B, Xie H T, et al. 2016. Distribution and assessment of heavy metals in the surface sediment of Yellow River, China. Journal of Environmental Sciences, 39: 45-51.

Yi Y J, Yang Z F, Zhang S H. 2011. Ecological risk assessment of heavy metals in sediment and human health risk assessment of heavy metals in fishes in the middle and lower reaches of the Yangtze River Basin. Environmental

Pollution, 159 (10): 2575-2585.

Zarazua G, Ávila-Pérez, Tejeda S, et al. 2006. Analysis of total and dissolved heavy metals in surface water of a Mexican polluted river by total reflection X-ray fluorescence spectrometry. Spectrochimica Acta Part B: Atomic Spectroscopy, 61 (10-11): 1180-1184.

Zhang G L, Bai J L, Xiao R, et al. 2017. Heavy metal fractions and ecological risk assessment in sediments from urban, rural and reclamation affected rivers of the Pearl River Estuary, China. Chemosphere, 184: 278-288.

Zhang K X, Pan S M, Zhang W, et al. 2015. Influence of climate change on reference evapotranspiration and aridity index and their temporal-spatial variations in the Yellow River Basin, China, from 1961 to 2012. Quaternary International, 380-381 (4): 75-82.

Zhang P Y, Qin C Z, Hong X, et al. 2018. Risk assessment and source analysis of soil heavy metal pollution from lower reaches of Yellow River irrigation in China. Science of the Total Environment, 633: 1136-1147.

Zhang Q Z, Tao Z, Ma Z W, et al. 2019. Hydro-ecological controls on riverine organic carbon dynamics in the tropical monsoon region. Scientific Reports, 9 (1): 1-11.

Zhang X T, Xia X H, Dong J W, et al. 2014. Enhancement of toxic effects of phenanthrene to *Daphnia magna* due to the presence of suspended sediment. Chemosphere, 104: 162-169.

Zhang Y, Jacob D J, Horowitz H M, et al. 2016. Observed decrease in atmospheric mercury explained by global decline in anthropogenic emissions. Proceedings of the National Academy of Sciences, 113 (3): 526-531.

Zhao Y, Cao W H, Hu C H, et al. 2019. Analysis of changes in characteristics of flood and sediment yield in typical basins of the Yellow River under extreme rainfall events. Catena, 177: 31-40.

Zheng N, Wang Q C, Liang Z Z, et al. 2008. Characterization of heavy metal concentrations in the sediments of three freshwater rivers in Huludao City, Northeast China. Environmental Pollution, 154 (1): 135-142.

Zhou Q Q, Yang N, Li Y Z, et al. 2020. Total concentrations and sources of heavy metal pollution in global river and lake water bodies from 1972 to 2017. Global Ecology and Conservation, 22: e00925.

Zhu Y N, Lin Z H, Wang J H, et al. 2016. Impacts of climate changes on water resources in Yellow River Basin, China. Procedia Engineering, 154: 687-695.

Zhuang P, McBride M B, Xia H P, et al. 2009. Health risk from heavy metals via consumption of food crops in the vicinity of Dabaoshan mine, South China. Science of the Total Environment, 407 (5): 1551-1561.

Zuo H, Ma X L, Chen Y Z, et al. 2016. Studied on distribution and heavy metal pollution index of heavy metals in water from upper reaches of the Yellow River, China. Spectroscopy and Spectral Analysis, 36 (9): 3047-3052.

第 2 章 研究区域与方法

2.1 研究区域

正如绪论部分所述,鉴于黄河源区至入海口水文、地貌的复杂性,综合考虑流域水文特征,参考水利部黄河委员会对黄河区域划分的基础上,结合源区生态环境和地理的特殊性,本书将贵德龙羊峡水库以上部分称为河源区(Ⅰ),龙羊峡到内蒙古呼和浩特市托克托县河口镇归为黄河上游(甘宁蒙段)(Ⅱ),河口镇至河南省郑州市桃花峪段为黄河中游(Ⅲ),以下至入海口为下游(Ⅳ)(张晓龙等,2018)(图 2-1)。

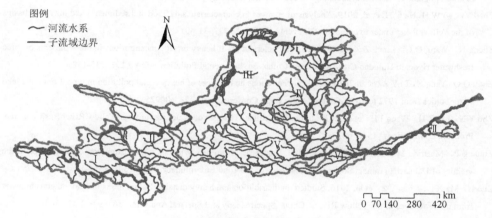

图 2-1 黄河流域水资源二级分区

黄河源区位于世界第三极——青藏高原东北部,地形起伏大,海拔变化范围在 1400~6248 m 之间,且由西南向东北方向逐渐降低,整个区域面积约为 1.2×10^5 km^2,占整个流域面积的 16.2%(Wu et al.,2018;Zheng et al.,2018)。年均温度为 0.55℃,年均降水量 500.2 mm,且西北地区显著低于东南区域,约 90%降雨集中在 6~9 月(Xu & He,2006)。年径流量为 2.1×10^{10} m^3,占流域总径流量的 38.0%(刘晓燕和常晓辉,2005)。整体而言,源区地形复杂,气候恶劣,生态环境极度脆弱且对气候变化敏感(Liu et al.,2014;Ding et al.,2018)。从龙羊峡以下一直到甘肃靖远和宁夏中卫段的黑山峡,这一区域最为典型的特征就是该区段分布有整个流域最多、最密集的中大型水利枢纽，形成梯级水电开发，使得上游区域水文、水动力条件、生物地球化学循环和水生生物群落格局发生显著的改变（Xie et al., 2018; Wang et al., 2021）。穿越腾格里及乌兰布等沙漠，以峡谷和平原河段交替出现。流经宁夏与内蒙古区域的冲击河套平原，进入水土流失最严重的黄土高原区。区域气候以多风、干燥，降水年际变化较大，且在区域、年内分布不均，年蒸发量远大于降水量。该区段的工农业发展为西北地区提供了重要的能源和粮食，但由于水利枢纽设施分布众多，以及水土流失问题的存在，因而该区域的水沙关系的调节影响着整个中下游区域（Bai et al., 2019; Li et al., 2020）。自河口镇进入中游区域，流经黄土高原主体区，区域主要由山地、丘陵、黄土塬区及河谷平原区构成。黄土高原作为黄河泥沙来源的主要区域，尽管当前泥沙输入量显著降低，但其基数仍然较大，整个区域的生态环境仍然非常脆弱（Wang et al., 2016; Gao et al., 2017）。自 20 世纪 60 年代以来，一系列的水土保持措施如退耕还林、淤地坝等工程项目的实施，以及针对水沙关系的调度措施显著改变了区域生态环境状况。中游区域多处于半干旱至半湿润区，年平均气温为 8~14℃，年均降雨量为 530 mm，主要集中在 6~9 月份，且气候在季节上的变化比空间上的差异更明显（Chen et al., 2005; Gou et al., 2020）。黄河下游自桃花峪为起点，全长 786 km，主要处于半湿润冲击平原区，土地利用类型主要以耕地为主，河道主要有辫状至蜿蜒的过渡河道和弯曲河道两种类型，河道平坦开阔，改道现象频繁发生（Xia et al., 2013; Bi et al., 2019）。从黄河中上游输送至下游的年均含沙量为 $1.6×10^9$ t，其中，$1.2×10^9$ t 的泥沙输入大海，剩下 $4.0×10^8$ t 的泥沙在下游河道沉积，使得河床抬升，成为"地上悬河"（Zhang et al., 2020）。

2.2 研究方法

2.2.1 区域划分及人类活动相关数据获取

1）样点设置

于 2018 年 7~10 月对黄河干流源区至入海口 33 个自然河段和 5 个典型水库（龙羊峡、刘家峡、万家寨、三门峡和小浪底水库）进行水体、悬浮物、沉积物和鱼类样品采集。对于水样、悬浮物和沉积物样品，每个自然河段沿河流纵向设置 3 个采样点，每个采样点根据现场环境间距保持在 100~200 m 之间，在各水库的库首、库中和库尾各设 1 个采样点。每个河段和水库所采集到的所有鱼类作为该河段或水库的最终样本量。2019 年春秋两季（4~5 月和 9~10 月）在 2018 年的基础上增加了青铜峡水库的采样（未分析 2019 年鱼类样品中的痕量金属），且在水库库首、中、尾各横断面上均匀设置 3 个样点。因采样环境和天气原因，未对约古宗列曲（YGZLQ）断面进行采样，且将黄河沿（HHY）位点命名为玛多（MD），具体区域及点位信息见表 2-1。

表 2-1　黄河干流源区至河口采样河段信息

河段编号	河段简称	河段名称	河段编号	河段简称	河段名称
1	MD	玛多	26	TDG	头道拐
2	JM	吉迈	27	WJZKW	万家寨库尾
3	MT	门堂	28	WJZKZ	万家寨库中
4	MQ	玛曲	29	WJZKS	万家寨库首
5	TNH	唐乃亥	30	HQ	河曲
6	LYXKW	龙羊峡库尾	31	FG	府谷
7	LYXKZ	龙羊峡库中	32	WB	吴堡
8	LYXKS	龙羊峡库首	33	LM	龙门
9	GD	贵德	34	TG	潼关
10	XH	循化	35	SMXKW	三门峡库尾
11	LJXKW	刘家峡库尾	36	SMXKZ	三门峡库中
12	LJXKZ	刘家峡库中	37	SMXKS	三门峡库首
13	LJXKS	刘家峡库首	38	SMXBX	三门峡坝下
14	XC	小川	39	XLDKW	小浪底库尾
15	LZ	兰州	40	XLDKZ	小浪底库中
16	AND	安宁渡	41	XLDKS	小浪底库首
17	XHY	下河沿	42	XLDBX	小浪底坝下
18	QTXKW	青铜峡库尾	43	HYK	花园口
19	QTXKZ	青铜峡库中	44	JHT	夹河滩
20	QTXKS	青铜峡库首	45	GC	高村
21	QTXBX	青铜峡坝下	46	SK	孙口
22	SZS	石嘴山	47	AS	艾山
23	BYGL	巴彦高勒	48	LK	泺口
24	SHHK	三湖河口	49	LJ	利津
25	ZJF	昭君坟			

2）各章节所涉及的研究区域及数据筛选

在水环境中痕量金属空间分布和鱼类肌肉中痕量金属富集及健康风险评价章节中，空间区域主要采用 2.1 节研究区域中所述的四个区域，即源区、上游（甘宁蒙段)、中游和下游；生物富集的组织特异性研究章节，在鱼类组织样本筛选中，由于源区仅筛选出唐乃亥（TNH）河段，因此将源区与上游（甘宁蒙段）合并为上游，最终以上游、中游和下游来划分区域。第3章水环境中痕量金属空间分布特征中，水体和沉积物中17种痕量金属浓度数据来自于2.2.1节中所涉及的33个自然河段和5个水库所有样（表2-1），均为114个，悬浮物数据为每个河段和水库3个样本混合，即为38个。其中水环境介质中痕量金属污染风险评价和不同粒径级配沉积物中痕量金属浓度与分布使用2019年数据，因Mo和Sb元素浓度在一些样点出现异常情况，在使用过程中舍弃了这两种元素。第4章鱼类肌肉中痕量金属富集及健康风险评价中水体和沉积物中痕量金属浓度数据来自于33个河段样品（在33个河段采集了鱼类样品，未区分自然河段与水库，均以河段表述），均为99个，悬浮物数据为每个河段的3个样本混合，即为33个。区域划分与第3章一致，即4个区域，源区、上游（甘宁蒙段）、中游和下游。第5章鱼类中痕量金属组织特异性富集中，水体和沉积物中痕量金属浓度数据来自于27个河段样品（主要考虑到鱼类4个组织样本量都齐全的河段，未区分自然河段与水库，均以河段表述），均为81个，悬浮物数据为每个河段的3个样本混合，即为27个。共筛选了18种鱼共计325尾，且尽量选取同种个体大小规格差别不大的成鱼。第6章受威胁鱼类金属富集的研究中，选取了16个河段，选择依据主要是在这16个河段（具体河段见黄河干流所采集的受威胁鱼类空间分布）收集到了受威胁鱼类样品，受威胁鱼类及其状态划分依据《中国脊椎动物红色名录》（蒋志刚等，2016）。

3) 子流域划分

为进一步从流域尺度上探讨人类活动对水环境和鱼类痕量金属浓度和分布的影响，在以上四个区域基础上，参考水利部黄河委员会和张冉等（2019）的全国水资源二级分区将黄河流域分为7个子流域（Ⅰ～Ⅶ）（图2-1）：Ⅰ龙羊峡以上区域（包括龙羊峡）、Ⅱ龙羊峡—兰州、Ⅲ兰州—河口镇、Ⅳ河口镇—龙门、Ⅴ龙门—三门峡、Ⅵ三门峡—花园口、Ⅶ花园口至入海口。区域划分上包含终点区域，如Ⅲ兰州—河口镇区域包括河口镇但不包括兰州段。其中考虑到本研究采样河段分布和区域水文特征将内流区和兰州—河口镇合并为一个分区，命名为Ⅲ兰州—河口镇。

4) 子流域土地覆盖数据提取

本书所用到的土地覆盖数据为清华大学Gong等（2019）基于MODIS数据制作的2017年全球10 m分辨率的土地覆盖数据（http://data.ess.tsinghua.edu.cn/fromglc2017v1.html）。利用ArcGIS 10.5软件完成镶嵌，再用黄河流域矢量边界按掩膜提取获得黄河流域的10 m土地覆盖数据地图，后续按照区域分区提取地图数据。土地覆盖共10个分类，分别为耕地、森林、草地、灌丛、湿地、水域、苔原、不透水地表、裸地和冰雪覆盖。本研究中主要用到除水域、苔原和冰雪以外的 7 种土地覆盖。

5）社会经济数据获取

本研究所涉及的社会经济数据指标主要包括县（市、区）级行政区域面积、常住人口数及地区生产总值（GDP）、规模以上工业企业数（年主营业务收入在 2000 万元以上工业企业）和农作物总播种面积占比数据。

2017 年县（市、区）行政区域面积、人口、GDP、规模以上工业企业单位数和农作物总播种面积数据来源于黄河流域所涉及的九个省（区）、市（州）的省统计局、县（区）国民经济社会发展报告和各级政府官网；县（市、区）行政区划参考 2017 年中华人民共和国行政区划代码（http://www.mca.gov.cn/article/sj/xzqh/1980/201803/20180315008048.shtml）。根据以上划分的水资源分区，分别将县（市、区）级行政区域归入这 7 个子流域。具体依据是：当县（市、区）跨越多个子流域时，将其归入所在面积最大的县（区）。数据收集过程中，个别数据在 2017 年缺失，用最近年份如 2016 年或 2015 年数据补充，个别数据确实难以获取的则以数据缺失表示；山东省莱芜市、青海省西宁市、海东市、海北藏族自治州、黄南藏族自治州、海南藏族自治州和果洛藏族自治州相关数据获取困难，且市（州）下级的县（市、区）行政区全在各自的分区范围内，故将其统计到市（州）级别。

本研究中所统计的部分县（市、区）行政区并不完全被黄河流域边界所覆盖，共涉及 9 个省级行政单位，77 个地区，443 个县（市、区）域。

6）人类活动相关数据源整理

（1）研究河段（样点）赋值依据。

采样河段（样点）分别归入 7 个子流域，属于同子流域内的采样点均用该流域的相关统计值。需要指出的是，由于流域污染物的汇入以及会在河流中迁移、转化，因此子流域经济活动指标与金属浓度并不是百分之百对应的。但是限于在大的流域尺度，由流域进入水环境中的金属可能会受到水库的截留、沉积等多种因素的影响，很难知道其迁移量及迁移距离，因此本书最终采用流域社会经济指标和该流域金属浓度一一对应来进行分析，具有一定的现实意义，毕竟二者均代表了其当前各自的状态（社会经济指标和水环境中金属浓度）。

（2）部分指标计算：

$$县域人口密度 = 县域常住人口数/行政区域面积(人/km^2)$$

$$县域农作物播种面积占比 = 县域农作物总播种面积/行政区域土地面积 \times 100(\%)$$

以各子流域内各县域人口密度、农作物播种面积占比的平均值分别作为该流域的统计值，以子流域内各县域生产总值、规模以上工业企业单位数之和分别作为该流域的统计值。土地覆盖以该类土地类型在该子流域的占比表示（%）。

(3) 相关指标体系构建。

人类活动（human activity）指标：子流域人口密度（the population density：PD，人/km^2）和平均国内生产总值（the mean gross domestic product：GDP，万元/km^2），规模以上工业企业单位数（the number of industrial enterprises above designated size：NIE，个），农作物总播种面积占比（the proportion of total crops sown area：PCSA，%）；耕地（%Cropland：%CLC）和不透水地表（%Impervious surface：%IS）覆盖占比。

自然变量（natural variability）：森林（%Forest：%FLC）、草地（%Grassland：%GLC）、灌丛（%Shrubland：%SLC）、湿地（%Wetland：%WLC）和裸地覆盖（%Bareland：%BLC）占比。

2.2.2 环境样品采集及痕量金属浓度测定

1）环境样品采集及预处理

（1）水样：于研究点位用 5 L 有机玻璃采水器采集水下 0.5 m 水样，装入 500 mL 干净聚乙烯塑料样品瓶中，放入加有冰块或干冰的冷藏箱内保存，并及时运回实验室用 0.45 μm 混合纤维滤膜过滤后用 10%（V/V）HNO$_3$（优级纯，西陇科学股份有限公司，中国）酸化使之 pH<2，随后储存于 4℃冰箱直到测试。现场采样照见图 2-2，整个采样阶段无极端天气发生。

图 2-2 现场采样工作照

（2）悬浮物样品：根据现场水体浑浊程度采集 1~5 L 水样保存在低温环境运回实验室后用 0.45 μm 混合纤维滤膜过滤，收集膜上悬浮物质称重（湿重）后置于冷冻干燥机上冻干至恒重，同时记录冻干后的重量（干重）。冻干后的样品用陶瓷研钵研磨并过 100 目尼龙筛网，然后用封口袋封装保存于干燥器中待用。因部分样品中收集到的悬浮量较少，最终将同一河段上的 3 个样本混合成一个样。

（3）沉积物样品：采用 1/16 m² 彼得森采泥器采集表层（0～20 cm）沉积物，封装于封口袋中低温保存并带回实验室存储在–80℃冰箱。解冻后称重（湿重），置于冷冻干燥机上冻干至恒重，再称其干重。冻干后的样品用陶瓷研钵研磨并过 100 目（150 um 孔径）尼龙筛网，然后用封口袋封装保存于干燥器中待用。

对于 2019 年采集的沉积物样品还按粒径进行了分级处理。沉积物粒径范围使用马尔文 Mastersizer 3000 测定，将沉积物研磨后过 2 mm 筛网，上机测试。

沉积物样品冷冻干燥 48 h 后，首先通过 2 mm 的筛网，去除树枝落叶等杂质，再将处理后样品通过 240 目的筛网，碾碎分筛后分离出＜63 μm 及＞63 μm 部分备用。按照目前国际通用的伍登-温德华氏等比制粒径标准，根据斯托克斯定律，采用静水沉降法，其原理是根据不同粒级颗粒在静水中受重力作用具有不同的沉降速率，可以分选不同粒级颗粒并测量其含量，依次从＜63 μm 的颗粒沉积物中提取出 0～4 μm、4～16 μm、16～63 μm 这三个粒径级别的沉积物，黄河沉积物的实测平均比重为 2.65 g/cm³。具体提取步骤如下：

A. 原液制备

将提取分离出＜63 μm 的颗粒沉积物称取约 10 g，倒入 250 mL 的三角烧杯中，加入黄河原水浸泡 2 h。

B. 悬液制备

加入分散剂[0.05 mol/L 的$(NaPO_3)_6$] 20 mL，采用超声波振荡分散 20 min 将颗粒充分散开，之后加入黄河原水至标记好的刻度线。

C. 颗粒分选

将玻璃烧杯置于平稳试验台上，读取悬液温度，用搅拌器匀速搅拌悬液 3 min 至悬液分布均匀，停止后再重复反方向搅拌数次，最后轻拿提取搅拌器，开始计算沉降时间。在吸取悬液前 10 s 放入 U 型虹吸管，到达时间后吸取至下方玻璃烧杯中，依次操作，首先提取＜4 μm 部分，再重复之前的操作提取下一粒径级别，虹吸装置如图 2-3 所示。

D. 悬液浓缩

将所有吸出的悬液转移至离心管中，在离心机上经过 3000 r/min 离心 15 min 后，分离出沉降部分，置于真空冷冻干燥机中干燥 24 h 即可。

将制备好的沉积物各粒径级别样品（0～4 μm、4～16 μm、16～63 μm、0～63 μm 和＞63 μm）通过马尔文 Mastersizer 3000 测定其粒度范围是否符合，准确率超过 85%。

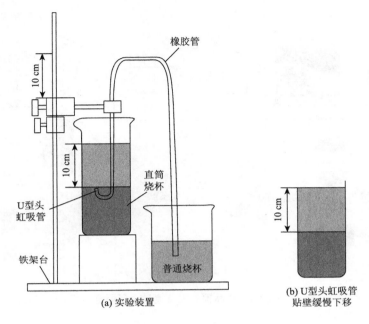

图 2-3 虹吸实验装置

2)环境样品微波消解及金属浓度测定

(1)微波消解:用分析天平准确称量干燥过筛后的悬浮物或沉积物样品 0.1 g (精度为 0.0001 g)于聚四氟乙烯消解罐中,分别加入 6 mL HNO_3(65%~68%)、3 mL HCl(36%~38%)、2 mL HF(40%),置于微波消解仪(ETHOS UP,Milestone Inc.,Italy)内消解。以上试剂均为优级纯,来自西陇科学股份有限公司。消解程序设置:温度在 15 min 内升至 140℃,接着在 15 min 内升至 190℃,最后在 190℃下保持 20 min,期间功率设为 1000 W。消解完成后将消解罐置于赶酸器上加热至约 0.5 mL,随后转移用超纯水(18.25 MΩ/cm)定容到 25 mL,通过 0.45 μm 针头过滤器过滤后置于 15 mL 离心管中在 4℃环境中保存待测(图 2-4)。

(2)痕量金属浓度测定:预处理后的水样及消解溶液(样品和标准物质)中的 17 种痕量金属(Be、V、Cr、Mn、Fe、Co、Ni、Cu、Zn、As、Se、Mo、Cd、Sn、Sb、Ba 和 Pb)的浓度使用 ICP-MS(iCAP Q,Thermo Fisher Scientific,Germany)进行测定,每个样品重复测定 3 次。2019 年样品测定了 15 种痕量金属(Be、V、Cr、Mn、Fe、Co、Ni、Cu、Zn、As、Se、Cd、Sn、Ba 和 Pb)浓度。以国家有色金属及电子材料分析测试中心(NCATN)制备的混合标准储备溶液(每种元素含量为 10 mg/L)稀释配制浓度梯度(0、0.5 μg/L、1 μg/L、5 μg/L、10 μg/L、50 μg/L、100 μg/L、300 μg/L 和 500 μg/L)作为标液。每次检测之前,都需从储备溶液中制

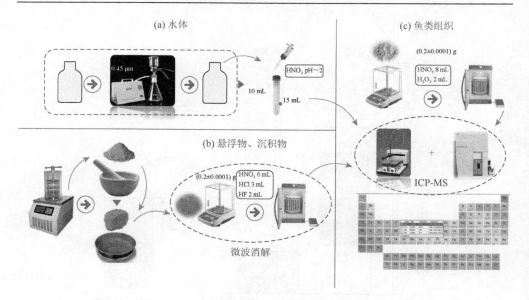

图 2-4 样品预处理及痕量金属测定

备新鲜校准标准品,并用于建立校准曲线。同时,将 Ge、Bi、In 和 Rh 混合标准储备液(由 NCATN 提供,每种元素含量为 10 mg/L)用作混合内标,并计算回收率和检测限(图 2-4)。

(3)质量控制:本研究中使用的所有试剂均为优级纯。在每批样品中插入采用由北京中科质检生物技术有限公司提供的两种认证标准物质 GBW 10024(扇贝)和 GBW 07309(水系沉积物),以验证其准确性和精密度。同时,每隔 20 个样品重新测定一次质量控制样品(标准物质)。每种元素标准曲线 $R^2 \geqslant 0.999$,计算 17 种痕量金属检测限(测定次数 $n > 20$)。所有样品中的痕量金属的回收率控制在 80%~120% 之间,相对标准偏差(relative standard deviation,RSD)保证小于 10%,以此来确保研究结果为样品中真实浓度。

3)鱼类样品采集

本书研究中通过自主及雇请渔民捕捞等方式,在研究区域(图 2-5)内尽可能多地收集鱼类样本。调查使用工具主要有定置刺网(长 100 m;高 2.0~2.5 m;网目 3.0~5.0 cm)、流刺网(长 200 m;高 3.0 m;网目 6.0~8.0 cm)、撒网(网目 3.0~5.0 cm)和地笼(长 10~20 m;网目 0.5~1.0 cm)等。一般选取河段附近流速、水深、河宽及栖息生境适宜处进行下网捕捞。同时在可涉水河段傍晚放置地笼,翌日清晨收取。而在深水区/离岸区采用船只载三层流刺网及撒网进行采样。同时,为了全面获取种类组成信息,拜访当地渔民、走访农贸市场等,补充部分未采集到种类。鱼类调查和生物学特征采样参考《内陆水域渔业自然资源调查手册》(张觉民和何志辉,1991)和《生物多样性观测技术导则——内陆水域鱼类》(环境保护部,2014)。

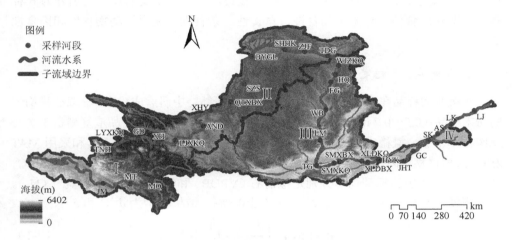

图 2-5 黄河干流鱼类采集位置

4) 鱼类样品预处理及痕量金属浓度测定

对野外调查采集的鱼类样品,现场进行鉴定、拍照后逐一测量全长、体长、体重等生物学信息。随后进行鱼类生物学解剖,取出背侧肌肉、鳃、肝脏和性腺等做好标记后立即存放于装有干冰的保温箱中,及时运回实验室冷冻保存。鱼类物种鉴定参考《黄河鱼类志》(李思忠,2017)和《黄河流域鱼类图志》(蔡文仙等,2013),鱼类器官的解剖取样等参考《鱼类生态学》(殷名称,1995)。和沉积物一样,鱼类器官组织样品经过冷冻干燥、研磨、微波消解过滤后4℃冰箱保存待测。不同的是在微波消解过程中,加入采购于西陇科学股份有限公司的优级纯 8 mL HNO_3 和 2 mL H_2O_2(30%)(图 2-4)。其中,对于部分鱼类组织冻干后样本量太少,将同一断面同种鱼2~3个合为一个样本。鱼类组织中金属测定方法和悬浮物、沉积物样品测定方法一样。

2.2.3 鱼类食性划分及稳定同位素比值测定

1. 鱼类进行食性划分

参考丁宝清和刘焕章(2011)对长江流域鱼类食性的划分方法,《黄河鱼类志》(李思忠,2017)和《黄河流域鱼类图志》(蔡文仙等,2013)以及世界鱼类数据库(FishBase,https://www.fishbase.org/search.php)对采集到的鱼类进行食性划分。

对于无明确文献确定食性的鱼类，依据其近亲类群及摄食器官结构等来推测其食性。本书食性是按成鱼满足生活需要的主要食物组成来源划分的，未考虑因季节、栖息场所和昼夜变化下发生的食性转换。在黄河干流所采集的鱼类共划分为 6 种食性，即腐屑食性、浮游生物食性、草食性、杂食性、无脊椎动物食性和肉食性鱼类。

2. 鱼类碳、氮稳定同位素测定

鱼类肌肉样品在冷冻干燥至恒重后在陶瓷研钵磨中研磨成粉末，称取适量均匀的粉末样品（0.5～0.7 mg）用于碳、氮同位素值的测定（每个样品重复测定 3 次）。肌肉样本中碳、氮稳定同位素比值 $\delta^{13}C$（$^{13}C/^{12}C$）和 $\delta^{15}N$（$^{15}N/^{14}N$）和采用 MAT 253 plus 气体稳定同位素比质谱仪（德国，Thermo Fisher Scientific）测定，分析 $\delta^{13}C$、$\delta^{15}N$ 同位素所用的标准物质分别是拟箭石（VPDB）和纯化的大气中的氮气（N_2）。分析精度：$\delta^{13}C$ 优于 $\pm 0.2‰$；$\delta^{15}N$ 优于 $\pm 0.3‰$。结果表示为 $\delta^{13}C$ 和 $\delta^{15}N$：

$$\delta X(‰) = \left(\frac{R_{样品}}{R_{标准}} - 1 \right) \times 10^3 \tag{2-1}$$

式中：X 为 ^{13}C 或 ^{15}N；R 为 $^{13}C/^{12}C$ 或 $^{15}N/^{14}N$。

2.2.4 痕量金属生物富集及风险评价

1）生物富集因子（bioconcentration factor，BF）

鱼体肌肉或其他组织从水体（BF_W）、悬浮物（BF_{SPM}）和沉积物（BF_S）中富集金属的生物富集系数计算公式如下（Thomann et al., 1995; Wang et al., 2017; Zhong et al., 2018）：

$$BF_W = C_{OW} / C_W \tag{2-2}$$

$$BF_{SPM} = C_{OD} / C_{SPM} \tag{2-3}$$

$$BF_S = C_{OD} / C_S \tag{2-4}$$

式中：C_{OW}（mg/kg 湿重）为鱼体湿重组织中金属浓度；C_{OD}（mg/kg 干重）为鱼体干重组织中金属浓度；C_W（mg/L）、C_{SPM}（mg/kg 干重）、C_S（mg/kg 干重）分别为河段水体、悬浮物和沉积物中某种金属浓度均值。

2）水环境介质中痕量金属污染风险评价

采用潜在生态危害指数法（RI）（Hakanson, 1980），对黄河沉积物中金属的潜在生态危害进行评价，计算公式为

$$E_r^i = T_r^i \times C_f^i = T_r^i \frac{C_s^i}{C_n^i} \tag{2-5}$$

$$\mathrm{RI} = \sum_{i=1}^{n} E_r^i \tag{2-6}$$

式中：RI 为沉积物多种金属综合潜在生态危害指数；E_r^i 为单一金属的潜在生态危害系数；T_r^i 为各金属的毒性响应系数（徐争启等，2008），Mn = Zn = 1＜V = Cr = 2＜Cu = Ni = Co = Pb = 5＜As = 10＜Cd = 30；C_f^i 为单一重金属污染系数；C_s^i 为沉积物中金属的含量（mg/kg）；C_n^i 为金属含量的背景值（mg/kg）；本研究中源区和上中游河段沉积物金属背景值选取河段对应省份的土壤背景值，考虑到下游无河流注入黄河，选取了黄土元素金属背景值（田均良等，1991），表 2-2 为潜在生态危害系数和危害指数与污染程度的关系。

表 2-2　潜在生态危害系数和危害指数与污染程度的关系

E_r^i	污染程度	RI	污染程度
E_r^i＜40	轻微生态危害	RI＜150	轻微生态危害
40≤E_r^i＜80	中等生态危害	150≤RI＜300	中等生态危害
80≤E_r^i＜160	强生态危害	300≤RI＜600	强生态危害
160≤E_r^i＜320	很强生态危害	RI≥600	极强生态危害
E_r^i≥320	极强生态危害		

采用地累积指数法（I_{geo}）对黄河金属污染情况进行评估，计算公式为（Muller，1969）

$$I_{geo} = \log_2 |C_i / (KB_i)| \tag{2-7}$$

式中，C_i 为金属含量（mg/kg）；K 为由于不同地区岩石性质差异而取的修正系数（一般为 1.5）；B_i 为金属背景值（mg/kg），本研究源区和上中游河段沉积物金属背景值选取河段对应省份的土壤背景值，下游无河流注入黄河，选取了黄土元素金属背景值，表 2-3 为地累积指数和污染程度的关系。

表 2-3　地累积指数和污染程度的关系

I_{geo}	级别	污染程度	I_{geo}	级别	污染程度
≤0	0	无污染	3～4	4	偏重度
0～1	1	轻度	4～5	5	重度
1～2	2	偏中度	≥5	6	严重
2～3	3	中度			

重金属污染指数（HPI）针对单个金属对水质的相对重要性划分权重，计算公式为

$$HPI = \frac{\sum_{i=1}^{n} W_i Q_i}{\sum_{i=1}^{n} W_i} \quad (2\text{-}8)$$

式中：W_i 为单位权重；Q_i 为第 i 个参数的子指数，在本研究中，选取了 7 种金属指标（Cr、Cu、Zn、As、Se、Cd、Pb），计算公式为

$$Q_i = \sum_{i=1}^{n} \frac{|M_i - I_i|}{S_i - I_i} \times 100 \quad (2\text{-}9)$$

式中：S_i 代表第 i 个参数的标准值，M_i 是监测到的相应参数的浓度。I_i 是第 i 个参数的最高期望浓度，一般认为低于 50，表示污染较低；介于 50~100 表示处于中度污染；大于 100 表示污染程度高（Prasad & Bose，2001；赵一蔚等，2021）。

重金属评估指数（HEI）表示与金属含量相关的整体地表水水质，由下式计算：

$$HEI = \sum_{i=1}^{n} \frac{M_i}{MAC_i} \quad (2\text{-}10)$$

式中：MAC_i 为第 i 个金属元素的最大允许浓度；M_i 为检测到的指标浓度，在本研究中，选取了 7 种金属指标（Cr、Cu、Zn、As、Se、Cd、Pb）。一般认为 HEI 小于 10 为低污染，10~20 为中污染，大于 20 为高污染（Al-Ani et al.，1987）。

3）人类健康风险评价

痕量金属预计每日摄入量（estimated daily intake，EDI）：

每种金属元素的 EDI 值计算公式如下（USEPA，1989；Griboff et al.，2017）：

$$EDI = C_{OW} \times F_{IR} / W_{AB} \quad (2\text{-}11)$$

式中：C_{OW}（mg/kg 湿重）为鱼体湿重肌肉中金属浓度；F_{IR}（g/d）为中国人对水产品日均摄食量，成人约 55.8 g/d，青少年约为 52.5 g/d；W_{AB} 为中国人平均体重，成人约 60 kg，青少年约为 30 kg（童银栋等，2016）；EDI 单位为 μg/(kg·d)。

非致癌风险——目标危害系数（target hazard quotient，THQ）和复合风险指数（hazard index，HI）：

每种金属元素的 THQ 值和 HI 计算公式如下（USEPA，1989；Chien et al.，2002；Ahmed et al.，2016）：

$$THQ = EDI / RfD_O \quad (2\text{-}12)$$

$$HI = Total\ THQ = THQ(metal\ 1) + THQ(metal\ 2) + \cdots + THQ(metal\ n) \quad (2\text{-}13)$$

式中：RfD_O [μg/(kg·d)] 是美国环境保护署（USEPA，2019）和欧洲食品安全局（EFSA，2010）推荐的元素口服参考剂量。本研究中，n 为 17。

致癌风险——终生致癌风险（incremental lifetime cancer risk，ILCR）：

Cr、As、Cd 和 Pb 的 ILCR 计算公式如下（USEPA，2004）：

$$ILCR = EDI \times SF \quad (2\text{-}14)$$

式中：SF[mg/(kg·d)]$^{-1}$ 为污染物致癌斜率因子（USEPA，2019）。

4）Fulton's 条件因子及综合污染指数计算

鱼类 Fulton's 条件因子（K）计算公式如下（Fulton，1904）：

$$K = 100 \times W / L^3 \tag{2-15}$$

式中：W（g）为鱼体重；L（cm）为鱼全长。

金属污染指数（metal pollution index，MPI）值计算公式如下（Usero et al.，1997；Miao et al.，2020）：

$$\mathrm{MPI} = (C_{\mathrm{OD}}1 \times C_{\mathrm{OD}}2 \times C_{\mathrm{OD}}3 \times \cdots \times C_{\mathrm{OD}}n)^{1/n} \tag{2-16}$$

式中：$C_{\mathrm{OD}}n$（mg/kg 干重）为鱼体干重组织中第 n 种金属浓度；本研究中，n 为 17。

参 考 文 献

蔡文仙, 张建军, 王守文. 2013. 黄河流域鱼类图志. 杨凌：西北农林科技大学出版社.

丁宝清, 刘焕章. 2011. 长江流域鱼类食性同资源集团组成特性分析. 四川动物, 30（1）：31-35.

环境保护部. 2014. 生物多样性观测技术导则——内陆水域鱼类（HJ 701.7—2014）. https://www.mee.gov.cn/ywgz/fgbz/bz/bzwb/stzl/201411/W020141106544138973658.pdf.

蒋志刚, 江建平, 王跃招, 等. 2016. 中国脊椎动物红色名录. 生物多样性, 24（5）：500-551.

李思忠. 2017. 黄河鱼类志. 青岛：中国海洋大学出版社.

刘晓燕, 常晓辉. 2005. 黄河源区径流变化研究综述. 人民黄河, 27（2）：6-8, 14.

田均良, 李雅琦, 陈代中. 1991. 中国黄土元素背景值分异规律研究. 环境科学学报, 3：253-262.

童银栋, 张巍, 邓春燕, 等. 2016. 海河干流水产品汞污染特征及摄入风险评价. 环境科学, 37（3）：942-949.

徐争启, 倪师军, 庹先国, 等. 2008. 潜在生态危害指数法评价中重金属毒性系数计算. 环境科学与技术, 31（2）：112-115.

殷名称. 1995. 鱼类生态学. 北京：中国农业出版社.

张觉民, 何志辉. 1991. 内陆水域渔业自然资源调查手册. 北京：中国农业出版社.

张冉, 王义民, 畅建霞, 等. 2019. 基于水资源分区的黄河流域土地利用变化对人类活动的响应. 自然资源学报, 34（2）：56-69.

张晓龙, 沈冰, 黄领梅, 等. 2018. 基于多源数据集估算缺资料地区地表净辐射及其时空变化特征. 西安理工大学学报, 34（4）：5-13.

赵一蔚, 高良敏, 陈晓晴, 等. 2021. 地表水重金属评价方法的改进与运用比较研究. 安徽理工大学学报：自然科学版, 41（2）：45-50.

Ahmed M K, Baki M A, Kundu G K, et al. 2016. Human health risks from heavy metals in fish of Buriganga river, Bangladesh. SpringerPlus, 5（1）：1697.

Al-Ani M Y, Al-Nakib S M, Ritha N M, et al. 1987. Water quality index applied to the classification and zoning of Al-Jaysh canal, Baghdad-Iraq. Journal of Environmental Science & Health Part A, 22（4）：305-319.

Bai T, Wei J, Chang F J, et al. 2019. Optimize multi-objective transformation rules of water-sediment regulation for cascade reservoirs in the Upper Yellow River of China. Journal of Hydrology, 577：123987.

Bi N S, Sun Z Q, Wang H J, et al. 2019. Response of channel scouring and deposition to the regulation of large reservoirs: A case study of the lower reaches of the Yellow River（Huanghe）. Journal of Hydrology, 568：972-984.

Chen J S, Wang F Y, Meybeck M, et al. 2005. Spatial and temporal analysis of water chemistry records（1958—2000） in the Huanghe (Yellow River) Basin. Global Biogeochemical Cycles, 19 (3): GB3016.

Chien L C, Hung T C, Choang K Y, et al. 2002. Daily intake of TBT, Cu, Zn, Cd and As for fishermen in Taiwan. Science of the Total Environment, 285 (1-3): 177-185.

Ding Z Y, Wang Y Y, Lu R J. 2018. An analysis of changes in temperature extremes in the Three River Headwaters region of the Tibetan Plateau during 1961—2016. Atmospheric Research, 2018, 209: 103-114.

EFSA (European Food Safety Authority). 2010. European Food Safety Authority Panel on Contaminants in the Food Chain (CONTAM). Scientific Opinion on Lead in Food. EFSA Journal, 8 (4): 1570.

Fouché J, Christiansen C T, Lafrenière M J, et al. 2020.Canadian permafrost stores large pools of ammonium and optically distinct dissolved organic matter. Nature Communications, 11 (1): 4500.

Fulton T W. 1904. The Rate of Growth of Fishes. Twenty-second Annual Report of the Fisheries Board for Scotland, 3: 141-241.

Gao G Y, Zhang J J, Liu Y, et al. 2017. Spatiotemporal patterns of the effects of precipitation variability and land use/cover changes on long-term changes in sediment yield in the Loess Plateau, China. Hydrology and Earth System Sciences, 21 (9): 4363-4378.

Gong P, Liu H, Zhang M N, et al. 2019. Stable classification with limited sample: Transferring a 30-m resolution sample set collected in 2015 to mapping 10-m resolution global land cover in 2017. Science Bulletin, 64: 370-373.

Gou L F, Jin Z, Galy A, et al. 2020. Seasonal riverine barium isotopic variation in the middle Yellow River: Sources and fractionation. Earth and Planetary Science Letters, 531: 115990.

Griboff J, Wunderlin D A, Monferran M V. 2017. Metals, As and Se determination by inductively coupled plasma-mass spectrometry (ICP-MS) in edible fish collected from three eutrophic reservoirs. Their consumption represents a risk for human health? Microchemical Journal, 130: 236-244.

Hakanson L. 1980. An ecological risk index for aquatic pollution control.a sedimentological approach. Water Research, 14 (8): 975-1001.

Li B F, Feng Q, Wang F, et al. 2020. A 1.68 Ma organic isotope record from the Hetao Basin, upper reaches of the Yellow River in northern China: Implications for hydrological and ecological variations. Global and Planetary Change, 184: 103061.

Liu X F, Zhang J S, Zhu X F, et al. 2014. Spatiotemporal changes in vegetation coverage and its driving factors in the Three-River Headwaters Region during 2000—2011. Journal of Geographical Sciences, 24 (2): 288-302.

Miao X Y, Hao Y P, Tang X, et al. 2020. Analysis and health risk assessment of toxic and essential elements of the wild fish caught by anglers in Liuzhou as a large industrial city of China. Chemosphere, 243: 125337.

Muller G. 1969. Index of Geoaccumulation in Sediments of the Rhine River. GeoJournal, 2 (3): 109-118.

Ni M F, Li S Y. 2020. Optical properties as tracers of riverine dissolved organic matter biodegradation in a headwater tributary of the Yangtze. Journal of Hydrology, 582: 124497.

Prasad B, Bose J M. 2001. Evaluation of the heavy metal pollution index for surface and spring water near a limestone mining area of the lower Himalayas. Environmental Geology, 2001, 41 (1): 183-188.

Tang Z W, Zhong F Y, Cheng J L, et al. 2019. Concentrations and tissue-specific distributions of organic ultraviolet absorbents in wild fish from a large subtropical lake in China. Science of the Total Environment, 647: 1305-1313.

Thomann R V, Mahony J D, Mueller R. 1995. Steady-state model of biota-sediment accumulation factor for metals in two marine bivalves. Environmental Toxicology and Chemistry, 14 (11): 1989-1998.

USEPA (U.S. Environmental Protection Agency). 1989. Assessing Human Health Risks from Chemically Contaminated Fish and Shellfish: A Guidance Manual. Washington, DC: U.S. EPA. https://nepis.epa.gov/Exe/ZyPDF.cgi/2000DGLF.

PDF?Dockey=2000DGLF.PDF.

USEPA (U.S. Environmental Protection Agency). 2004. Risk Assessment Guidance for Superfund Volume I: Human Health Evaluation Manual (Part E, Supplemental Guidance for Dermal Risk Assessment). Washington, DC: U.S. EPA. https://www.epa.gov/sites/default/files/2015-09/documents/part_e_impl_2004_final_supp.pdf.

USEPA (U.S. Environmental Protection Agency). 2019. Regional Screening Levels (RSLs): Generic Tables (Summary Table). Washington, DC: U.S. EPA. https://www.epa.gov/risk/regional-screening-levels-rsls-generic-tables.

Usero J, Gonzalez-Regalado E, Gracia I. 1997. Trace metals in the bivalve molluscs *Ruditapes decussatus* and *Ruditapes philippinarum* from the Atlantic Coast of Southern Spain. Environment International, 23 (3): 291-298.

Wang J, Chen L, Tang W J, et al. 2021. Effects of dam construction and fish invasion on the species, functional and phylogenetic diversity of fish assemblages in the Yellow River Basin. Journal of Environmental Management, 293: 112863.

Wang Q, Chen M, Shan G Q, et al. 2017. Bioaccumulation and biomagnification of emerging bisphenol analogues in aquatic organisms from Taihu Lake. China. Science of the Total Environment, 598: 814-820.

Wang S, Fu B J, Piao S L, et al. 2016. Reduced sediment transport in the Yellow River due to anthropogenic changes. Nature Geoscience, 9 (1): 38-41.

Wu X L, Zhang X, Xiang X H, et al. 2018. Changing runoff generation in the source area of the Yellow River: Mechanisms, seasonal patterns and trends. Cold Regions Science and Technology, 155: 58-68.

Xia J Q, Li X J, Zhang X L, et al. 2013. Recent variation in reach-scale bankfull discharge in the Lower Yellow River. Earth Surface Processes and Landforms, 39: 723-734.

Xie J Y, Tang W J, Yang Y H. 2018. Fish assemblage changes over half a century in the Yellow River, China. Ecology and Evolution, 8 (8): 4173-4182.

Xu Z X, He W L. 2006. Spatial and temporal characteristics and change trend of climatic elements in the headwater region of the Yellow River in recent 40 years. Plateau Meteorology, 5 (5): 906-913.

Zhang J L, Shang Y Z, Liu J X, et al. 2020. Improved ecological development model for lower Yellow River floodplain, China. Water Science and Engineering, 13 (4): 275-285.

Zheng Y T, Huang Y F, Zhou S, et al. 2018. Effect partition of climate and catchment changes on runoff variation at the headwater region of the Yellow River based on the Budyko complementary relationship. Science of the Total Environment, 643: 1166-1177.

Zhong W J, Zhang Y F, Wu Z H, et al. 2018. Health risk assessment of heavy metals in freshwater fish in the central and eastern North China. Ecotoxicology and Environmental Safety, 157: 343-349.

第 3 章　黄河干流水环境中痕量金属空间分布特征

　　淡水作为人类生命、生产活动中必不可少的资源，在世界范围内正面临着严重的威胁。随着气候变化、人口不断增加，城市化加快、工业化及集约农业的快速发展，大量的工业废水、农业径流、城镇生活污水等持续产生（Oweson et al.，2008；Alahabadi & Malvandi，2018；Nawab et al.，2018）。如果不进行有效的净化处理，这些废、污水中所携带的众多污染物质最终进入水体，使得我们赖以生存的水环境质量下降。虽然城市雨污管网、工业及生活污水处理设施的构建有助于降低或是缓解这种威胁，但仍有部分未经处理的工业废水、生活污水、不受管制的农业面源等携带着污染物质不可避免地最终进入如河流、湖库等水体（Izuchukwu Ujah et al.，2017；Shen et al.，2019）。这些进入水体的污染物质如痕量金属，尤其是重金属，因其高毒性、持久性和生物累积等特征给水环境和人类健康带来负面影响，其对水环境造成的污染日益受到人们的广泛关注（Zhang et al.，2017；Sun et al.，2017）。

　　虽然水环境中的痕量金属有大气沉降和岩石风化等自然源，但上述所提到的人类活动产生则是其主要来源（Chen et al.，2016；Saha et al.，2017）。进入水环境中的金属仅有一小部分会溶解于水体，大部分会以颗粒态存在，即被悬浮物和沉积物吸收、沉积。同时，沉积物中吸附、沉积的金属又会通过一系列水文、物理、化学等过程再次悬浮、释放进入水体成为二次污染源（Song et al.，2017；Lin et al.，2020）。还有部分金属会以生物富集的方式存在于有机体中，并且沿着食物链/网进行传递。水环境中金属在各介质间的迁移转化或是在水相和固相间的分配是一个复杂的动态过程，会受到介质的理化性质和水动力条件等众多因素的影响。由于污染排放源和水动力条件的不同，金属在不同类型、区域水体中浓度和分布存在差异。有研究指出，即使在同一条河流中，在未考虑自然源的情况下，大部分常见金属浓度及分布往往表现出一定的空间差异，这主要跟周边人类活动类型与强度有关（Liu et al.，2020；Varol et al.，2020）；而湖库对部分金属有一定的沉积作用（Li et al.，2020b；Liu et al.，2020；Luo et al.，2021）。金属往往同其他众多污染物一起进入水环境中，其赋存形态以及在各相介质中的分配也会受到其他物质如有机质的影响。加之一些金属如 Mn、Cu 和 Zn 等本身就是有机体生命活动过程中所必需的元素。因此，金属在水体、悬浮物、沉积物和有机体中的浓度及分布特征对水生态系统中物质和能量的传递具有重要意义。

黄河作为世界第五、中国第二大河流，其在中国的经济、社会发展过程中有着至关重要的作用。支撑着约 1.07 亿人口用水和全国 15%的农业灌溉，对国内生产总值（GDP）的贡献达 9%（Miao et al.，2010）。黄河发源于青藏高原，自西向东横跨 9 个省（区），最后在山东东营注入渤海。途径青藏高原、河套平原、黄土高原、汾渭盆地、华北冲积平原等不同地貌单元，流域内产业结构和经济发展也存在显著差异。同时，黄河又以多泥沙著称，且泥沙主要以悬移质的形式随水流运动。金属进入河流后，大部分被泥沙吸附、沉积，在复杂的水动力条件下再悬浮释放。粒径小、比表面积大的悬浮泥沙是黄河水环境中重要组成部分，为痕量金属的吸附和滞留提供了有利条件。流域坡岸泥沙输入作为黄河泥沙主要来源，也使得泥沙成为金属在水体和沉积物之间或是陆地向河流迁移的重要载体。截至 2001 年，黄河流域已建成水库超 3000 座，尤其是上游许多河段形成了梯级水库群，大坝和水库的运行改变了黄河径流量和泥沙的分布格局以及整个河流连续统的水动力条件（Wang et al.，2007）。这些都会导致进入河流中的金属在空间上和环境介质中的浓度和分布存在差异。黄河流域资源条件决定了流域内产业结构多以灌溉农业及化工、冶炼等传统工农业为主，潜在增加了入河金属污染风险。当前，对于黄河金属污染相关研究主要集中在部分区段，而且单独研究的介质单一（樊庆云，2008；Yan et al.，2016；Liu et al.，2019）。更为详细的研究进展已经在 1.4.1 节中详细阐述，此处不再赘述。鉴于黄河在我国环境保护和社会经济发展中起着举足轻重的作用，其生态保护和高质量发展目前已被提升到国家战略层面，因而在大空间尺度下对黄河水环境中重要污染物之一的痕量金属在多环境介质中的浓度与分布进行全面、系统的研究就显得尤为迫切了。

本章对黄河干流源区至河口 33 个自然河段和 5 个典型水库进行水样、悬浮物及沉积物样品采集，测定各环境介质中 Be、V、Cr 等 17 种痕量金属浓度。结合黄河多泥沙和多级开发等特性，分析黄河水环境介质中痕量金属的空间分布格局，阐明多沙河流中痕量金属的分布特征，对黄河水生态环境保护和流域管理具有指导意义。

3.1 水环境中痕量金属浓度

17 种金属浓度的检测限（测定次数 $n>20$）结果见表 3-1。标准物质 GBW07309（水系沉积物）中金属浓度回收率在 85.1%（Zn）～114.3%（As）之间，相对标准偏差 RSD＜7.8%。从整个干流来看，黄河水体中的痕量金属平均浓度范围为（0.003±0.002）μg/L（Be）至（63.4±30.2）μg/L（Ba）。Fe 平均浓度为（20.5±11.2）μg/L，浓度显著低于 Ba。紧随其后依次为 Mo、Ni、V，且浓度之间无显著差异（$p>0.05$）。

其余金属浓度之间无显著差异（$p>0.05$），且除 Cu、Zn 和 As 浓度在 1～2 μg/L 之间外，其余金属浓度均在 1 μg/L 以下（表 3-2）。

表 3-1 标准物质 GBW07309（水系沉积物）中痕量金属（mg/kg 干重，均值±标准差）测定、回收率及检测限（μg/L）

痕量金属	GBW 07309			检测限
	测定值（均值±标准差）	标准值（均值±标准差）	回收率（%）	
Be	1.6±0.2	1.8±0.3	88.9	0.001
V	92.9±7.5	97.0±6.0	95.8	0.033
Cr	84.1±6.5	85.0±7.0	98.9	0.004
Mn	624.5±16.5	620.0±20.0	100.7	0.041
Fe	33 523.5±226.7	—	—	0.094
Co	14.6±1.4	14.4±1.2	101.4	0.011
Ni	34.7±2.2	32.0±2.0	108.4	0.027
Cu	27.4±2.1	32.0±2.0	85.6	0.040
Zn	66.4±3.2	78.0±4.0	85.1	0.108
As	9.6±1.0	8.4±0.9	114.3	0.023
Se	0.12±0.02	0.16±0.03	85.7	0.006
Mo	0.63±0.12	0.64±0.11	98.4	0.025
Cd	0.29±0.05	0.26±0.04	111.5	0.001
Sn	2.3±0.4	2.6±0.4	88.5	0.003
Sb	0.69±0.13	0.81±0.15	85.2	0.006
Ba	468.5±22.7	430.0±18.0	109.0	0.091
Pb	19.9±2.8	23.0±3.0	86.5	0.010

注：标准物质测定值小数位数和给定标准值保持一致。

表 3-2 黄河干流水体 [μg/L，均值±标准差（最小值～最大值）]、悬浮物 [mg/kg 干重，均值±标准差（最小值～最大值）；Fe，10^4 mg/kg] 和沉积物 [mg/kg 干重，均值±标准差（最小值～最大值）；Fe，10^4 mg/kg] 中痕量金属浓度以及中国地表水环境质量（μg/L）和土壤背景浓度（mg/kg；Fe，10^4 mg/kg）标准限值

痕量金属	浓度				土壤背景浓度
	水体	水环境标准限	悬浮物	沉积物	
Be	0.003±0.002（0.001～0.012）e		1.46±0.223（0.981～1.90）c	1.29±0.234（0.591～1.77）b	1.95
V	2.47±1.44（0.020～5.66）cde		77.7±13.7（55.2～115）c	66.9±18.4（26.3～104）b	82.4
Cr	0.419±0.332（0.021～1.53）e	10①	60.0±14.3（25.6～92.0）c	51.3±13.0（22.6～79.2）b	61.0

续表

痕量金属	浓度				
	水体	水环境标准限	悬浮物	沉积物	土壤背景浓度
Mn	0.789±0.563（0.067~2.57）e	100[②]	596±117（378~839）b	428±123（185~801）b	583
Fe	20.5±11.2（3.49~60.5）b	300[②]	1.46±0.303（0.970~2.25）a	2.84±0.931（0.814~4.76）a	2.94
Co	0.325±0.072（0.109~0.458）e		11.1±2.23（7.60~15.7）c	9.64±2.60（4.23~17.1）b	12.7
Ni	3.83±1.08（1.43~6.14）cd		28.5±6.58（16.9~46.6）c	25.1±6.39（12.0~41.1）b	26.9
Cu	1.72±0.903（0.208~4.17）de	10[①]	22.6±6.32（7.99~39.7）c	17.4±6.34（4.47~40.4）b	22.6
Zn	1.72±1.12（0.102~5.39）de	50[①]	66.7±20.1（32.0~126）c	48.4±13.8（16.1~86.7）b	74.2
As	1.48±0.593（0.441~3.26）e	50[①]	30.2±17.6（12.4~82.2）c	13.9±3.50（7.05~24.4）b	11.2
Se	0.771±0.434（0.063~1.55）e	10[①]	0.298±0.132（0.083~0.576）c	2.04±2.13（0.023~11.5）b	0.290
Mo	4.37±3.05（0.268~9.88）c		0.667±0.534（0.122~0.837）c	0.334±0.281（0.068~1.67）b	2.00
Cd	0.020±0.024（0.001~0.073）e	1[①]	0.151±0.103（0.034~0.462）c	0.078±0.103（0.001~0.403）b	0.097
Sn	0.053±0.081（0.001~0.574）e		4.20±1.82（1.11~8.36）c	3.44±0.932（1.40~5.19）b	2.60
Sb	0.955±0.747（0.163~4.29）e		3.34±4.57（0.012~16.2）c	0.413±0.276（0.128~1.41）b	1.21
Ba	63.4±30.2（11.8~129）a		297±63.2（133~420）bc	253±67.5（33.7~320）b	469
Pb	0.360±0.133（0.112~0.563）e	10[①]	17.0±5.04（7.84~28.4）c	12.4±3.99（5.70~25.1）b	26.0

①地表水环境质量Ⅰ类水标准限值；②生活饮用卫生标准限值。金属浓度较低的结果与检测限小数位数保持一致，浓度较高的结果保留三位有效数字。

注：不同的小写字母表示在 0.05 水平下有显著差异。

悬浮物中，Fe 平均浓度为 $1.46×10^4$ mg/kg 干重，显著高于 Mn（596±117）mg/kg 干重和 Ba（297±63.2）mg/kg 干重（$p<0.05$）。其余金属浓度之间无显著差异（$p>0.05$）。其中，Se、Mo 和 Cd 浓度在 1 mg/kg 以下，其余金属浓度在 1.46（Be）~77.7 mg/kg（V）之间（表 3-2）。表层沉积物中 Fe 浓度均值为 $2.84×10^4$ mg/kg 干重，且显著高于其余金属浓度（$p<0.05$），其余金属浓度之间无显著差异（$p>0.05$）。Mo、Cd 和 Sb 平均浓度均小于 1 mg/kg，Be、V、Co、Se 和 Sn 浓度都介于 1~100 mg/kg 之间，V、Cr、Ni、Cu、Zn、As 和 Pb 在 10~100 mg/kg，Mn 和 Ba 平均浓度分别为（428±123）mg/kg、（253±67.5）mg/kg（表 3-2）。总体而言，黄河干流大部分痕量金属在悬浮物中浓度略高于沉积物，且二者均显著高于水体。大部分金属在悬浮物和沉积物中浓度分布具有一致性，如 Fe、Mn、Ba 在悬浮物中浓度最高，Mo 和 Cd 浓度最低，其在沉积物中也是如此。

3.2 水环境中痕量金属空间分布特征

3.2.1 水体中痕量金属空间分布特征

从整个干流来看，黄河水体金属浓度表现出一定的空间差异。源区各河段和其他区域相比，除水体部分金属如 Be、V、Cr、Mn、Co、Ni、Zn 和 Ba 在源区个别河段浓度较高外，大部分金属浓度在源区河段都相对较低（图 3-1）。Co 在上游宁夏-内蒙古段和 Pb 在甘宁蒙段水体中均表现出高的浓度分布；Be 在中游几乎所有河段中浓度均较高；而 V、Cr、Fe、Cu、Zn、Se、Mo、Cd、Sb 和 Ba 在下游河段水体中表现出较高的浓度（图 3-1）。

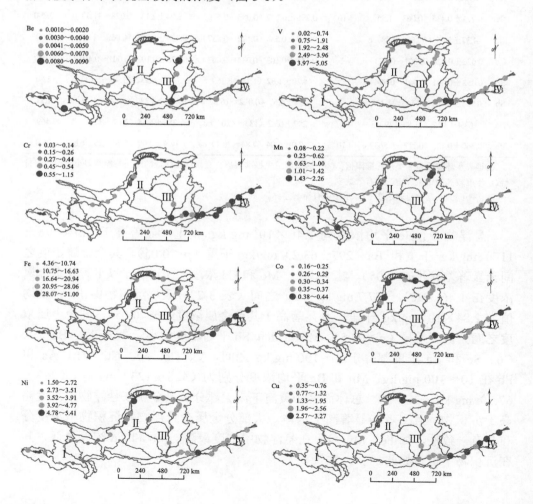

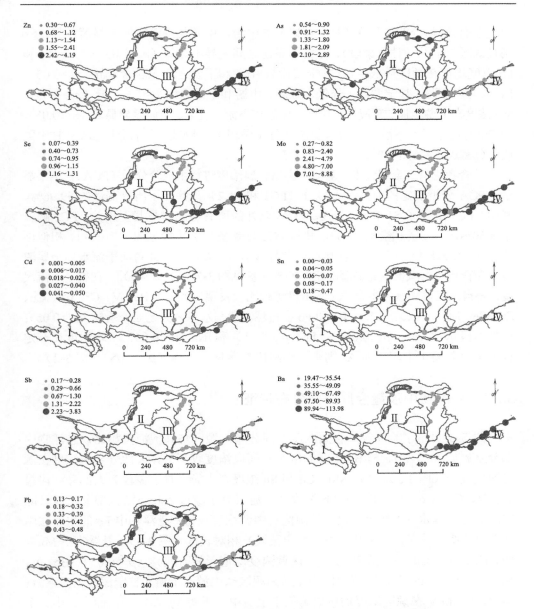

图 3-1 黄河干流水体中痕量金属浓度（μg/L）空间分布

按所划分的 4 个区域来看，水体中 V、Cr、Fe、Ni、Cu、Zn、Se、Mo、Cd、Sb 和 Ba 在各区域浓度均值排序均为源区＜上游（甘宁蒙段）＜中游＜下游；其中，V、Cu、Se、Mo、Cd 在 4 个区域浓度均值之间均差异显著（$p<0.05$），Cr、Zn 和 Ba 浓度均值在源区和上游（甘宁蒙段）之间无显著差异，Fe 在上、中游之

间无显著差异，Ni 在上游（甘宁蒙段）与中游、中游与下游之间无显著差异，Sb 则是源区与上游（甘宁蒙段）、中游与下游之间差异不显著（$p>0.05$）。Co、As 和 Pb 浓度均值在源区最低，上（甘宁蒙段）、中游和下游之间无显著差异（$p>0.05$）。Be 浓度在上游（甘宁蒙段）最低，源区、中游和下游之间无显著差异（$p>0.05$）。Mn 浓度在上游（甘宁蒙段）＜源区＜中游＜下游，且上、下游差异显著（$p<0.05$）。而 Sn 则是源区＜下游＜中游＜上游（甘宁蒙段），且源区显著低于上游（甘宁蒙段）（$p<0.05$）（图 3-2）。

综合考虑所有金属元素，对 4 个区域金属浓度进行主成分分析（PCA）。结果显示，PCA 分析确定的前两个主成分（PC1 和 PC2）共解释了所有变量的 59.96%。其中，PC1 解释了 51.46%，除 Be 和 Sn 以外的所有金属均与其正相关；PC2 解释了 8.50%，主要贡献变量为 Be，其与 PC2 显著负相关［参见图 3-7（a）］。相似性分析（ANOSIM）显示 4 个区域组间差异显著（$p<0.01$），即黄河干流水体金属浓度分布在 4 个区域上具有显著的空间差异［参见图 3-7（b）～（g）］。在整个干流尺度，将自然河段和水库中金属平均浓度进行比较发现，水体中 Be、V、Cr、Co、Cu、Zn、Se、Mo、Cd、Sn、Sb、Ba 和 Pb 在自然河段与水库之间无显著差异（$p>0.05$）；自然河段水体 Mn（$p<0.001$）、Fe（$p<0.01$）和 Ni（$p<0.05$）平均浓度在一定程度上显著高于水库，而 As 则是自然河段显著低于水库（$p<0.05$）（图 3-2）。

3.2.2 悬浮物中痕量金属空间分布特征

图 3-3 显示了悬浮物中金属浓度空间分布。源区与其他河段相比，悬浮物中部分金属如 Mn、Zn、和 Ba 等在源区个别河段浓度较高外，大部分金属浓度在源区河段较低（图 3-3）。Zn、Mo、Cd 和 Sn 浓度在上游（甘宁蒙段）大部分河段最高；V、Cr、Co、Ni、Cu 和 Pb 浓度在上游（甘宁蒙段）和下游大部分河段（除中游的万家寨水库）浓度较高，而源区和中游浓度较低；悬浮物中 Fe 的浓度在中下游河段浓度较高，源区和上游（甘宁蒙段）相对较低（图 3-3）。悬浮物中 Mn、Ni、Cu、As、Cd、Sn 和 Sb 在 4 个区域浓度均值无显著差异（$p>0.05$）。Be、V、Ni、Cu、Sn 和 Pb 在各区域均值排序均为源区＜中游＜上游（甘宁蒙段）＜下游；其中，Be 和 V 在源区浓度均值显著低于上、中、下游（$p<0.05$），而上、中、下游之间无显著差异（$p>0.05$）。Cr 和 Co 在各区域均值浓度排序为中游＜源区＜下游＜上游（甘宁蒙段），上游（甘宁蒙段）显著高于中游和源区（$p>0.05$），但中游与源区、下游与上游（甘宁蒙段）之间差异不显著（$p>0.05$）。Fe 在源区、上游（甘宁蒙段）平均浓度显著低于中、下游（$p<0.05$），源区与上游（甘宁蒙段）、中游与下游之间无显著差异（$p>0.05$）。Ba 在源区平均浓度显著低于上、中、下游（$p<0.05$），而上、中、下游之间无显著差异（$p>0.05$）（图 3-4）。

第 3 章 黄河干流水环境中痕量金属空间分布特征

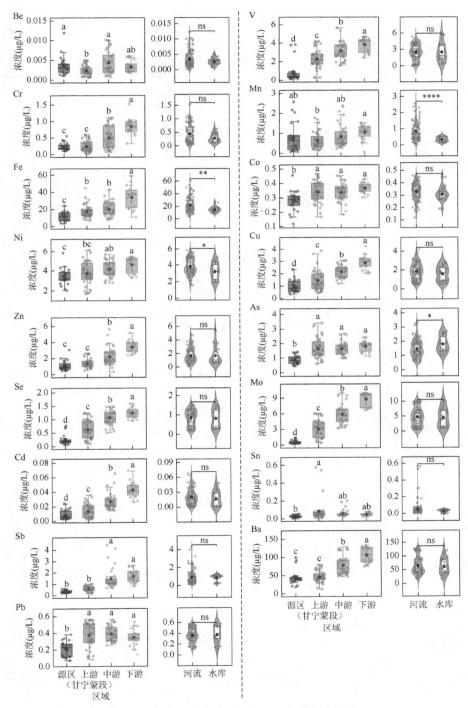

图 3-2 黄河干流水体中痕量金属浓度空间差异

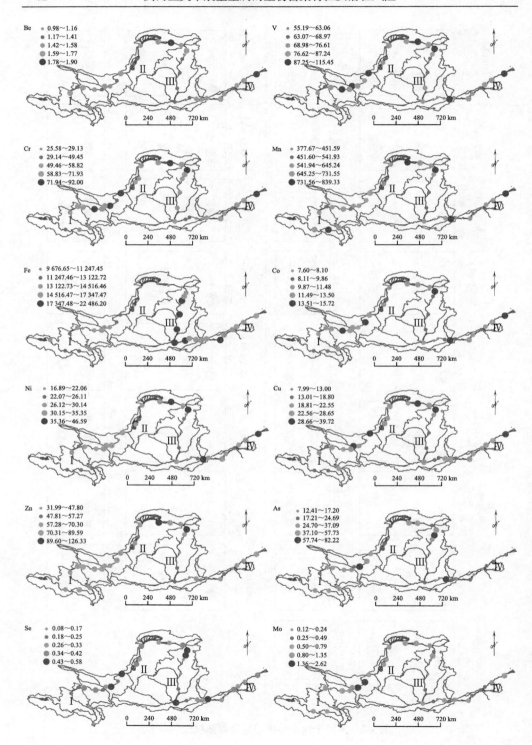

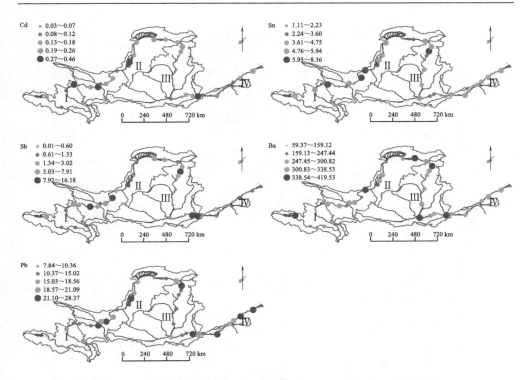

图 3-3 黄河干流悬浮物中痕量金属浓度（mg/kg 干重）空间分布

主成分分析显示，PC1 解释了 37.17%，贡献率较高的金属为 Zn、Mn、Co、V、Ni、Be 和 Cu，且与 PC1 显著正相关；PC2 解释了 14.25%，主要贡献变量为 Sb、Mo 和 As，其与 PC2 显著正相关［参见图 3-7（h）］。源区、中游和下游，上、中、下游之间组间差异显著（$p<0.01$），而源区和上游（甘宁蒙段）、中游和下游组间差异不显著（$p>0.05$）［参见图 3-7（i）～（n）］。从干流整个空间尺度，将自然河段和水库划分为两种类型水体，发现悬浮物中 Be、V、Cr、Mn、Co、Se、Sn 和 Ba 平均浓度在自然河段高于水库，其余金属则是自然河段低于水库，但所有金属平均浓度在自然河段和水库之间无显著差异（$p>0.05$）（图 3-4）。

3.2.3 沉积物中痕量金属空间分布特征

沉积物中 Sb 在源区和上游（甘宁蒙段）均有较高的浓度，在中下游大部分河段中浓度较低。除 Be、Co、Ni、Zn、As、Cd 和 Sb 在源区个别河段浓度较高外，其余金属在源区河段中浓度均较低。Se 和 Mo 分别在中游、上游（甘宁蒙段）有

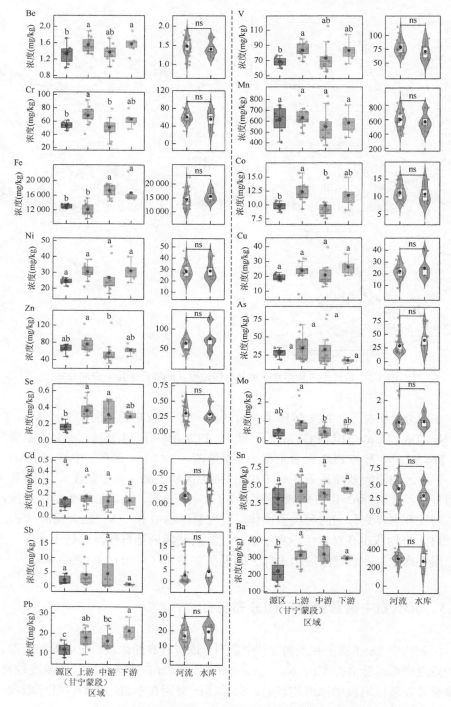

图 3-4 黄河干流悬浮物中痕量金属浓度空间差异

较高的浓度；V、Cr、Mn、Fe、Sn 高浓度均主要在下游河段；Be、Co、Ni、Ba 和 Pb 高浓度主要在上游内蒙古和下游河段（图 3-5）。沉积物中 Cu 和 Se 在 4 个区域浓度均值无显著差异（$p>0.05$）。V、Cr、Mn、Fe、Ni、Se 和 Ba 浓度均值排序为源区<上游（甘宁蒙段）<中游<下游；Mn 和 Ba 在中游和下游差异不显著（$p>0.05$），源区、上游（甘宁蒙段）和中游差异显著（$p<0.05$）；Fe 在源区和上游（甘宁蒙段）差异不显著（$p>0.05$），上、下游之间有显著差异（$p<0.05$）。Cd 和 Sb 浓度均值排序为源区>上游（甘宁蒙段）>中游>下游；其中，Cd 在源区和上游（甘宁蒙段）浓度显著高于中游和下游（$p<0.05$），源区和上游（甘宁蒙段）、中游和下游之间差异不显著（$p>0.05$）；Sb 在中游和下游差异不显著（$p>0.05$），源区和上游（甘宁蒙段）、中游之间有显著差异（$p<0.05$）。Zn 和 As 在源区和下游浓度高于上游（甘宁蒙段）和中游；Mo 在上游（甘宁蒙段）平均浓度显著高于其他 3 个区域（$p<0.05$），源区、中游和下游之间无显著差异（$p>0.05$），Pb 则是在下游平均浓度最高（图 3-6）。

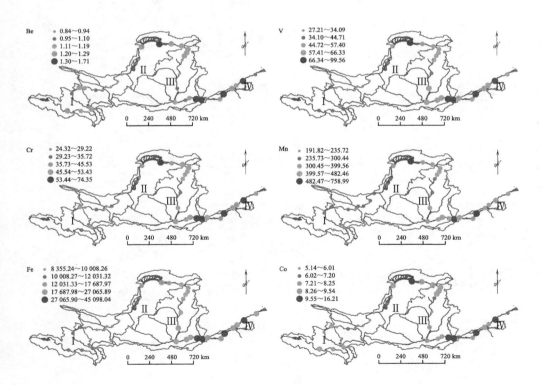

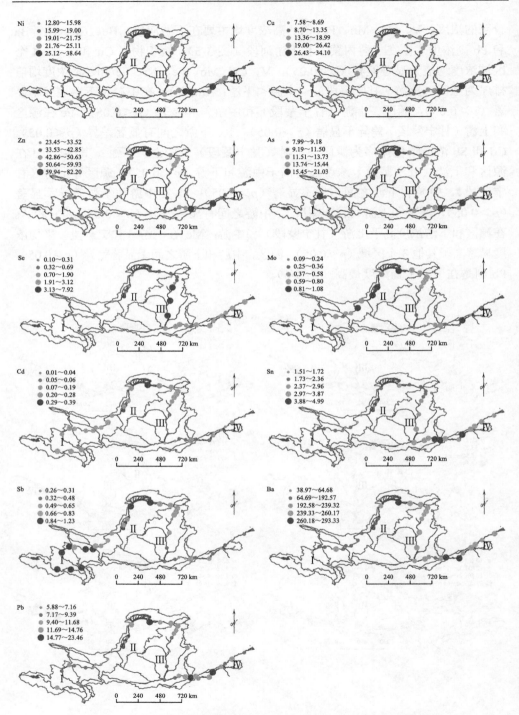

图 3-5 黄河干流沉积物中痕量金属浓度（mg/kg 干重）空间分布

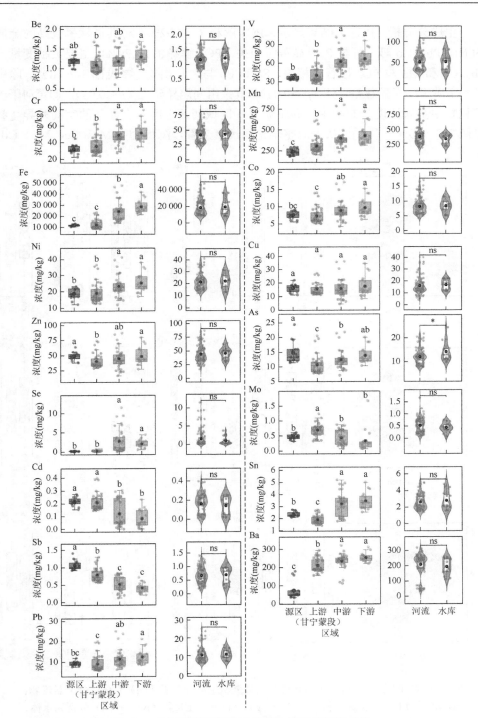

图 3-6 黄河干流沉积物中痕量金属浓度空间差异

主成分分析（PCA）结果显示，PC1 解释了 57.92%，对其贡献率较高的金属为 Ni、Pb、Co 等，且与 PC1 显著负相关；PC2 解释了 23.29%，主要贡献变量为 Sb、Cd 和 Mo 与 PC2 显著正相关，Se 和 Ba 与之负相关 [参见图 3-7（o）]。除中游和下游组间无显著差异外（$p>0.05$），其余组间差异显著（$p<0.05$），即黄河干流沉积物中金属浓度分布除中游和下游外，区域两两之间具有显著的空间差异 [参见图 3-7（p）～（u）]。从干流整个空间尺度来看，沉积物中 Mn、Se、Mo、Cd、

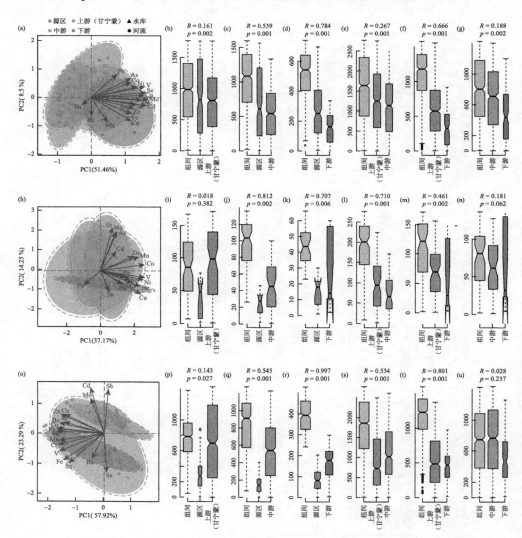

图 3-7 黄河干流不同区域环境介质中痕量金属主成分分析 [（a）水体；（h）悬浮物；（o）沉积物] 和相似性分析 [（b）～（g）、（i）～（n）和（p）～（u）分别为水体、悬浮物和沉积物在源区、上游（甘宁蒙段）、中游和下游之间的差异]

Sn 和 Ba 平均浓度在自然河段高于水库，其余金属则是自然河段低于水库，但所有金属平均浓度在自然河段和水库之间差异不显著（$p>0.05$）（图 3-6）。

3.3 黄河水环境中痕量金属浓度空间分布差异分析

河流中的痕量金属来源广泛，主要可分为自然源（如岩石侵蚀、风化、火山喷发等自然地质活动过程中产生）和人为源（如工农业活动、交通排放和城镇废弃物排放等）（Ma et al.，2015；Dvorak et al.，2020）。一般而言，Mn、Fe 和 Ba 等作为地壳中的常见金属元素，其在水环境中的含量往往较为丰富（Jain et al.，2008）。本研究中，水体中 Fe 和 Ba 平均浓度显著高于其他金属（$p<0.05$）。水体中大部分金属平均浓度也低于先前研究的背景浓度（Zhang et al.，1994；Ma，2016）。和国内一些其他流域水体如长江（Wu et al.，2009）、淮河流域（Wang et al.，2017）相比，黄河水体中大部分常见金属如 Cr、Mn、Ni 和 Cd 等浓度都相对较低。

研究指出痕量金属进入水体后，较大一部分会被吸附到泥沙颗粒物上，并且最终进入沉积物中（Bhosale & Sahu，1991；Malvandi，2017）。黄河作为世界上悬浮泥沙含量最高的河流之一，2000~2005 年期间平均泥沙入海通量为每年 1.5 亿 t，相比 20 世纪 70 年代的 10.8 亿 t 虽然显著降低，但其泥沙含量基数仍然较大（Wang et al.，2007）。对于黄河中游来说，坡岸泥沙携带污染物质汇入可能是河道金属主要来源之一，将悬浮物和沉积物中金属平均浓度与中国土壤金属背景值比较发现，除悬浮物中 Mn、Ni、As、Cd、Sn 和 Sb 及沉积物中 As、Se 和 Sn 高于土壤背景值外，其余金属浓度均低于土壤背景值，但差异不显著。这进一步说明随流域泥沙汇入可能是中游区域水环境中金属的重要输入方式。本研究中悬浮物中大部分痕量金属（除了 Fe 和 Se）平均浓度要高于沉积物（表 3-2）。悬浮物中源区和上游（甘宁蒙段）、中游和下游组间差异不显著（$p>0.05$），但源区、中游和下游，上、中、下游之间组间差异显著（$p<0.01$），而沉积物中金属浓度分布仅在中游和下游无显著的空间差异。这可能主要跟黄河高悬浮泥沙复杂湍流结构的影响有关（Huang et al.，2019；Rügner et al.，2018）。

黄河干流水体痕量金属 Cr、Cu、Zn、As、Se、Cd 和 Pb 平均浓度都显著低于《地表水环境质量标准》（GB 3838—2002）中的 I 类水标准（Cr，10 μg/L；Cu，10 μg/L；Zn，50 μg/L；As，50 μg/L；Se，10 μg/L；Cd，1 μg/L；Pb，10 μg/L）限值，Fe 和 Mn 也低于《生活饮用水卫生标准》《GB 5749—2006》限值（Fe，300 μg/L；Mn，100 μg/L）。和先前研究相比，悬浮物中大部分痕量金属元素如 Cr、Mn、Ni、Cu 和 Zn 等平均浓度无显著差异（$p>0.05$）（Qiao et al.，2007；Gao et al.，2015），沉积物中大部分金属元素则是低于先前研究背景值（Liu et al.，2015；Yan et al.，2016）。总体而言，黄河干流水体中大部分痕量金属平均浓度表现出源区＜上游

（甘宁蒙段）＜中游＜下游的趋势，这和其他大河如长江（Li et al., 2020a）、塞纳河（Gall et al., 2018）和恒河（Jaiswal & Pandey, 2019）等研究结果一致。近年来，黄河干流水环境中痕量金属污染状况有所改善，这可能是由于近几十年来，一系列坡改梯、植树种草及淤地坝等水土保持等综合措施的实施，致使生态环境有所改善（Gao et al., 2017）。然而，金属污染对水生环境的负面影响仍需持续关注。因为像 Cd、Pb 和 Cd 等有毒金属即使在相对较低的浓度下也会产生毒性作用（Liang et al., 2016; Telišman et al., 2007）。而且，虽然某些金属如 Fe、Cu 和 Zn 等对生物体的生理活动至关重要，但在过量或者在生物体生命活动的特殊阶段也可能产生毒害作用（Merciai et al., 2014）。

本研究中，自然河段水体中除 Mn、Fe 和 Ni 平均浓度显著高于水库外，水体中其他金属及悬浮物、沉积物中所有金属浓度在这两种类型水体中浓度均值无显著差异，说明大多数金属在水库中没有明显的沉积作用。这主要可能与黄河高悬浮泥沙、众多的水库运行及复杂的水动力条件有关。黄河干流水体中 Pb，悬浮物中 V、Cr、Co、Ni、Cu 和 Pb 及沉积物中 Mo 在上游（甘宁蒙段）大部分河段浓度较高。上游兰州、内蒙古能源工业，宁夏平原和河套平原灌溉农业面源等产生污染可能是该区域较高金属浓度的主要原因（Zhao et al., 2018；张倩等，2021）。而这 3 种介质中大部分金属在下游河段都有较高的浓度，除了跟流域下游人口集中、工业发达和引黄灌区农业持续发展有关，整个源区和中游的不断汇集共同造成下游的高浓度金属分布（Liu et al., 2019; Li et al., 2021）。下游所淤积的泥沙大部分来自于中上游的汇入，而且下游大部分区域人类活动强度也相对较高。整体而言，上游甘宁蒙段作为工农业重点区域，下游作为泥沙和污染物的汇集区及高强度人类活动区，其包括金属污染在内的水安全水平较低，应当成为我们黄河生态保护和高质量发展过程中重点关注区域。

3.4 不同粒径沉积物中痕量金属元素含量及分布

3.4.1 黄河干流沉积物粒径分布

对 2019 年采集的沉积物样本进行粒径分级，得到了四个组分级别分别是黏土（0~4 μm）、细粉砂（4~16 μm）、粗粉砂（16~63 μm）和粗颗粒（＞63 μm）。黄河干流 49 个河段沉积物粒径体积占比如图 3-8 所示，多沙黄河干流沉积物颗粒整体较细，同时水库库区表层沉积物易悬浮颗粒（0~63 μm）占比高于自然河段，仅有极少部分颗粒大于 63 μm。从季节分布来看，秋季的中值粒径 d_{50} 小于春季的中值粒径，从区域分布来看，黄河沉积物从源区至河口粒径逐渐减小，易悬浮颗粒（0~63 μm）逐渐增多，其中粗粉砂部分（16~63 μm）占比最大，这样的趋势在秋季更为明显。黄河干流自然河段与水库库区也存在较大差异,春季自然河段的 d_{10}、d_{50} 和 d_{90} 均值分别为 18.19、76.22 和 330.77,库区的 d_{10}、d_{50} 和 d_{90} 均值分别为 5.44、34.77 和 144.87;秋季的自然河段的 d_{10}、d_{50} 和 d_{90} 均值分别为 16.94、59.25 和 167.11,水库库区的 d_{10}、d_{50} 和 d_{90} 均值分别为 7.52、32.11 和 151.84。

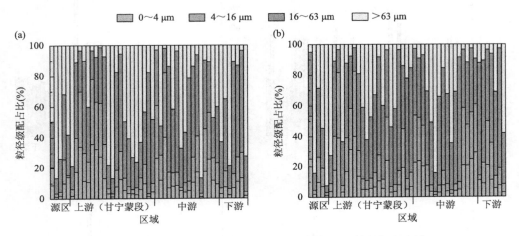

图 3-8 黄河各河段沉积物春季(a)和秋季(b)粒径级配占比

3.4.2 不同粒径沉积物中痕量金属元素含量及分布

分别测定表层沉积物中这四个不同粒径级别 V、Cr、As、Cd 和 Pb 的含量,如图 3-9 所示,这五种元素富集在黏土(0~4 μm)部分的含量最高,其次是细粉砂(4~16 μm)部分。

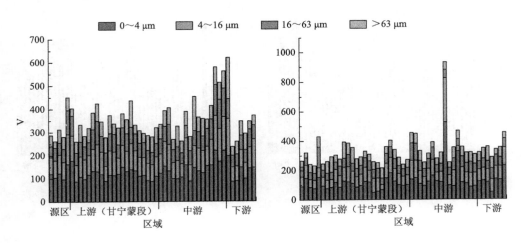

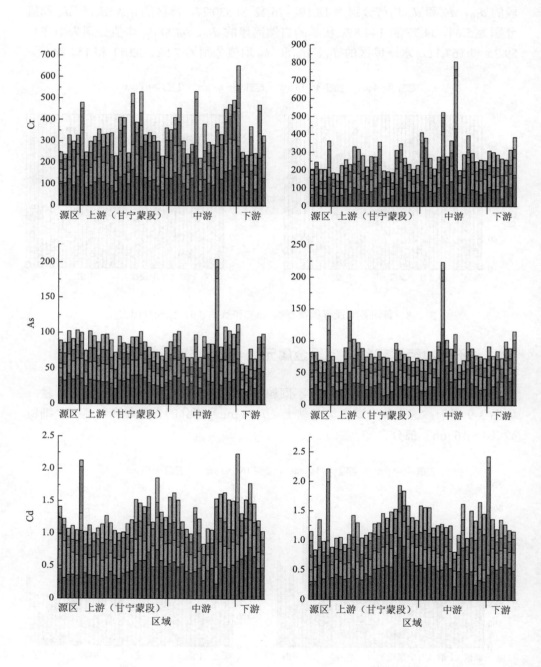

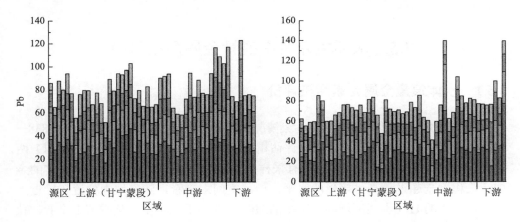

图 3-9 黄河沉积物痕量金属四个粒径级别含量图（左列：春季；右列：秋季）（mg/kg）

对比春秋季的 V 元素，从四个粒径组分对应的含量来看，呈黏土＞细粉砂＞粗粉砂＞粗颗粒的规律，其中黏土与细粉砂的占比高于粗粉砂和粗颗粒。从区域上看，黏土和细粉砂部分在中游区域的含量均高于其他三个区域黏土和细粉砂的含量，其中在秋季的潼关采样点含量最高；从季节上看，黏土和细粉砂部分的含量除个别样点在秋季明显高于春季外，其余样点春季的含量略高于秋季，粗粉砂部分两个季节差异较小，粗颗粒部分春季的含量高于秋季。对比春秋季的 Cr 元素，从四个粒径组分对应的含量来看，呈黏土＞细粉砂、粗粉砂＞粗颗粒的规律，其中细粉砂部分与粗粉砂部分差异较小。从区域上看，甘宁蒙段与多个水库区域四个粒径组分的 Cr 含量均较高，其中在秋季的潼关采样点也同样达到了最高值；从季节上看，黏土和细粉砂部分的含量除个别样点在秋季明显高于春季外，其余样点春季的含量略高于秋季。对比春秋季的 As 元素，从四个粒径组分对应的含量来看，在春季呈黏土＞细粉砂＞粗粉砂＞粗颗粒的规律，在秋季呈黏土＞细粉砂、粗粉砂＞粗颗粒的规律。从区域上看，中游区域的黏土部分的 As 含量高于其余三个区域；从季节上看，黏土部分的含量除个别样点在秋季明显高于春季外，其余样点春季的含量略高于秋季，分别在春季的三门峡坝下采样点和秋季的吴堡采样点 As 的含量达到最高。对比春秋季的 Cd 元素，从四个粒径组分对应的含量来看，呈黏土＞细粉砂＞粗粉砂＞粗颗粒的规律。从区域上看，黏土部分除了在源区唐乃亥采样点含量最高外，其余源区样点 Cd 含量均低于其他三个区域，在甘宁蒙段和下游区域 Cd 具有较高的含量；从季节上看，粗颗粒组分 Cd 秋季的含量高于春季，其余三个组分均为春季具有更高的含量。对比春秋季的 Pb 元素，从四个粒径组分对应的含量来看，呈黏土＞细粉砂＞粗粉砂、粗颗粒的规律。从区域上看，Pb 在四个组分中，均在甘宁蒙段及下游具有较高的含量。从季节上看，黏土和细粉砂组分除个别样点在秋季明显高于春季外，其余样点春季的含量高于秋季。

3.5 水环境介质中痕量金属污染风险

3.5.1 水体痕量金属元素污染评价

为了评价黄河水体中痕量金属污染情况,将《地表水环境质量标准》(GB 3838—2002)作为评价基准,采用了金属评估指数(HEI)及中金属污染指数(HPI)两种评价方法。HPI 的结果显示,所有采样点的 HPI<100,表示黄河干流水体的金属污染程度未超过最高可接受的水平,但从空间上来看,随着地理位置越接近入海口,水体的 HPI 也逐渐增高,下游的 HPI 明显高于上中游。从季节上来看,秋季的污染程度要高于春季,且在秋季的中游区域,金属污染相比春季整体增高,同时出现了多个峰值,而春秋季的源区至上游的金属污染差异不大 [图 3-10(a)]。HEI 结果显示,所有采样点的 HEI<20,表示黄河干流水体的金属污染程度低,从空间上看,其结果与 HPI 相似,都呈现出从源区至下游逐渐上升的趋势,只是相比于 HPI 的结果,HEI 在两个不同季节上的差异更小 [图 3-10(b)]。

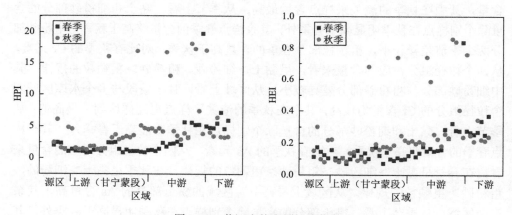

图 3-10 黄河水体金属污染指数

3.5.2 悬浮物中痕量金属元素污染风险评价

如图 3-11 所示,黄河悬浮物在源区及上游甘宁蒙段秋季的综合潜在生态危害指数(RI)均值高于春季,在中游至下游区域,春季的 RI 均值高于秋季的均值。V、Cr、Mn、Co、Ni、Cu、Zn、As、Cd 和 Pb 的潜在生态危害系数 E_r^i 春季平均值(范围)分别为 1.97(0.43~2.93)、1.91(0.84~3.72)、0.84(0.29~1.37)、4.74(2.37~9.54)、4.86(1.86~8.53)、5.86(0.14~14.49)、1.10(0.40~3.73)、24.38(10.91~76.20)、48.35(12.01~168.56)和 4.79(1.96~10.17);秋季平均值(范

围）分别为 1.95（0.52～3.84）、1.84（0.60～4.04）、0.98（0.25～3.48）、5.06（1.87～19.38）、4.69（1.55～10.88）、5.56（1.66～16.49）、0.89（0.44～1.47）、25.83（7.05～79.14）、49.33（18.23～111.47）和 4.17（1.28～13.28）。其中 Cd 的单一潜在生态危害系数 E_r^i 对各个样点的 RI 贡献比例最高，达到了 17%～76%，且在黄河干流

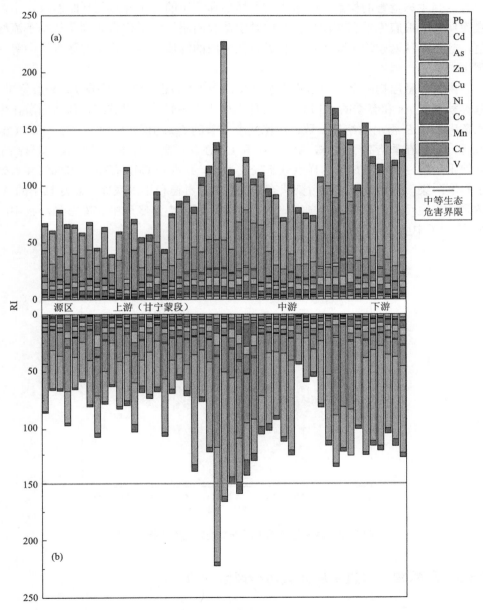

图 3-11　黄河悬浮物不同季节［(a) 春季；(b) 秋季］金属生态危害评估

一半的采样点达到了中等生态危害（$E_r^i>40$），其次是 As 的贡献比例达到了 7%～65%；两季度的 RI 都在上游甘宁蒙段至中游段呈先上升后降低的趋势，在下游段又重新出现了上升趋势。秋季悬浮物的 RI 达到中等～强生态危害的样点位于甘宁蒙段尾及中游段首包括三湖河口、昭君坟和万家寨库尾；春季悬浮物的 RI 达到中等～强生态危害的样点多位于中游段尾部和下游的三个样点包括昭君坟、小浪底库尾、小浪底库首和花园口，其中甘宁蒙段的昭君坟采样点达到了秋季干流峰值，且在春秋两季均出现了高于临近自然河段的峰值，两个季度都达到了中等～强生态危害。

由黄河悬浮物中金属地累积指数（I_{geo}）可知（图 3-12），根据 I_{geo} 分级标准，除春秋季的 As 和春季的 Cd 以外，总体上处于无～轻度污染状态，与前面潜在生态危害系数 E_r^i 得出的结果一致，对比两个季节的 I_{geo} 均值，V、Cr、Co、Ni、Cu、Zn 和 Pb 在春季略高于秋季，Mn、As 和 Cd 在秋季高于春季；其中 As 明显高于其他重金属，有超过 65% 的样点处于轻度污染，其次是 Cd，有超过 40% 的样点处于轻度污染，整体处于轻度污染状态，且春季的贵德和小浪底库尾悬浮物中的 As 达到了中度污染，秋季的三湖河口、万家寨库尾、小浪底库中和库首悬浮物中的 As 达到了中度污染。

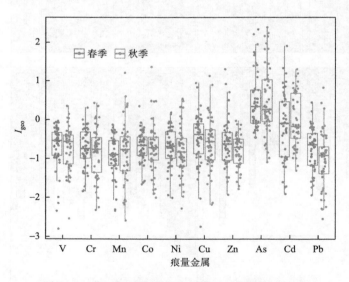

图 3-12　黄河悬浮物不同季节金属地累积指数箱图

3.5.3　沉积物中痕量金属元素污染风险评价

如图 3-13 所示，黄河表层沉积物春季的综合潜在生态危害指数（RI）略高于秋季，V、Cr、Mn、Co、Ni、Cu、Zn、As、Cd 和 Pb 的潜在生态危害系数 E_r^i 春季平均值（范围）分别为 2.33（1.55～4.26）、2.74（1.39～5.76）、0.92（0.47～1.63）、4.95（2.83～8.93）、4.58（2.26～8.92）、5.13（2.41～9.08）、0.89（0.48～1.53）、

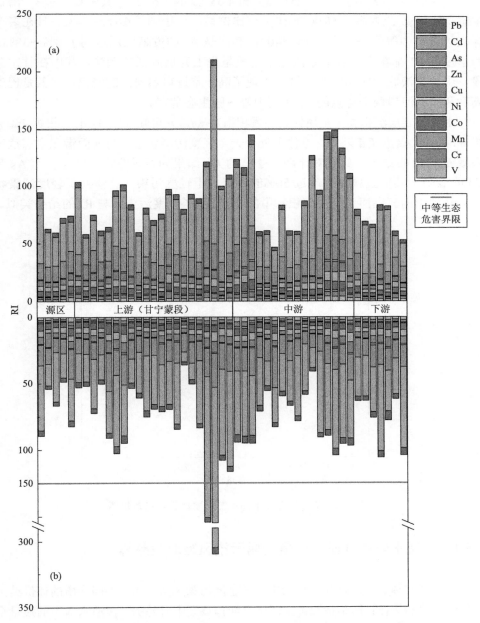

图 3-13　黄河沉积物不同季节［(a) 春季；(b) 秋季］金属生态危害评估

16.72（9.48～29.58）、46.84（18.63～155.88）和 4.41（2.89～8.31）；秋季平均值（范围）分别为 2.11（1.25～3.71）、1.99（1.20～3.70）、0.87（0.46～1.90）、4.49（2.60～8.05）、4.31（2.14～7.11）、4.97（2.59～10.99）、0.81（0.50～1.54）、15.97（9.56～30.74）、42.66（7.35～251.85）和 4.03（2.44～6.75）。其中 Cd 的单一潜在生态危害系数 E_r^i 对各个样点的 RI 贡献比例最高，达到了 20%～74%，且在多个样点达到了中等生态危害（$E_r^i>40$），其次是 As 的贡献比例达到了 8%～38%；两季度的 RI 都在上游甘宁蒙段至中游段呈先上升后降低的趋势，其中在甘宁蒙段、中游小浪底库区这两个区域都出现了高于临近自然河段的峰值，尤其是巴彦高勒和三湖河口两个样点的 RI 达到中等～强生态危害。

由黄河表层沉积物中金属元素地累积指数（I_{geo}）可知（图 3-14），根据 I_{geo} 分级标准，除 As 和 Cd 以外，总体上处于无至轻度污染状态，与前面潜在生态危害系数 E_r^i 得出的结果一致，对比两个季节的 I_{geo} 结果为春季略高于秋季；而 As 和 Cd 明显高于其他金属，有超过 50%的样点处于轻度污染，整体处于轻度污染状态，且秋季的三湖河口表层沉积物中的 Cd 达到了中度污染，与 RI 的结果类似。

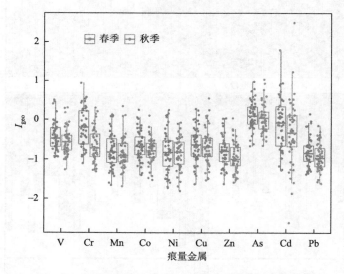

图 3-14 黄河悬浮物不同季节金属地累积指数箱图

3.5.4 黄河水环境介质中痕量金属污染风险时空差异

对黄河水体、悬浮物和沉积物中痕量金属污染风险评价，不同介质的评价结果都呈现一致的规律：污染指数都呈源区至河口逐渐上升趋势。黄河水体中的痕量金属浓度均未超过地下Ⅲ类水质标准，多数采样河段在金属指标上达到了地下水Ⅱ类的水质标准,处于无污染水平,与李华栋等(2019)的研究结果相近。针对水体的污染评价,虽然整体的污染水平较低,但在秋季仍然有部分自然河段和库区达到了较高的污染水平,如下河沿、三湖河口、吴堡和龙门河段,中游的三门峡和小浪底库区部分断面,这可能是由于秋季丰水期多种污染进入水体导致(张旺等,2020)。

对黄河悬浮物的污染评价结果显示 As 和 Cd 的贡献率最大,其中 Cd 的 E_r^i 在两个季度与 RI 的增高趋势相同,春季的 RI 均值高于秋季的 RI 均值,这说明春季的污染情况较秋季更为严重。针对表层沉积物的 RI 评价结果显示,黄河干流表层沉积物整体都处于轻生态危害,除了巴彦高勒和三湖河口等个别样点外,春季的 RI 均值要高于秋季,这与两季节的金属含量变化规律一致,但由于 Cd 的潜在生态危害较高,导致黄河干流表层沉积物存在较高生态危害,As 元素次之,与田莉萍等(2018)得出黄河 Cd 和 As 生态危害比较突出的结论一致。而在甘宁蒙段及小浪底库区出现了两个峰值,其中巴彦高勒和三湖河口样点位于内蒙古的巴彦淖尔市,地处河套平原腹地,有着丰富的矿产和农业资源,乌云等(2011)和伯英等(2010)的研究也表明了巴彦淖尔市所处的河套平原存在着 As 和 Cd 的污染,且在该流域的上游分布着众多中小型环保措施不完善的企业,而在秋季的三湖河口,由于丰水期雨量增大,本来存在的大量点源污染便随之汇入黄河干流,从而导致了该样点在秋季达到了强生态危害,应加强该区域的污染排放治理;水库的建设与运行、调水调沙工程改变了水体流速、水深及悬浮物含量,进而影响水化学过程(张金良等,2021)。中游库区由于其对泥沙的截留作用,导致库区的 RI 往往高于临近自然河段,尤其是位于中游后方的小浪底库区,小浪底库区的 RI 值达到了黄河中下游段的峰值,在水库的调水调沙时期,携带金属元素的泥沙向坝下排放,因此也要注意在库区坝下可能存在的重金属污染。地累积指数(I_{geo})的结果同样也表明,黄河干流表层沉积物存在着 As 和 Cd 轻度~中度的污染,尤其是在春季。综上所述,黄河干流表层沉积物中 As 和 Cd 的污染应引起足够的重视。

比较水体、悬浮物和沉积物的痕量金属污染评价结果,发现在水体痕量金属污染较高的采样点,其悬浮物和沉积物的痕量金属污染同样较高,如春季的小浪底坝下,秋季的安宁渡、三湖河口、吴堡及小浪底库区,悬浮物和沉积物的污染变化的整体趋势较相似,但在有些采样点悬浮物和沉积物具有较高的污染程度,而水体中并不存在,如中游的万家寨库区、下游的利津等样点,这可能是由于点源的金属排放更容易体现在水体的痕量金属浓度变化上(俞慎和历红波,2010),而只有污染源长期地排放金属元素,才能导致悬浮物和沉积物的含量更高。

3.6 小 结

本章首先分析了黄河干流水体、悬浮物和沉积物中 17 种金属元素浓度的整体情况,将其分别与《地表水环境质量标准》和中国土壤背景浓度比较。其次,研究了金属在整个黄河干流 33 个自然河段和 5 个水库各介质中平浓度空间分布。最后,研究了 4 个区域、自然河段和水库两种类型水体、悬浮物和沉积物中金属平均浓度分布趋势,主要得到以下结论:

(1) 黄河干流水体中 Fe 和 Ba 及悬浮物和沉积物中 Mn、Fe 和 Ba 浓度显著高于其他金属。大部分金属在悬浮物中浓度略高于沉积物,且在数量级上二者均显著高于水体。从整个河流连续统来看,黄河干流水体中大部分痕量金属浓度有沿着河流流向增大的趋势。

(2) 黄河干流水体中 Cr、Cu、Zn、As、Se、Cd 和 Pb 平均浓度都显著低于《地表水环境质量标准》中的Ⅰ类水标准限值,Fe 和 Mn 低于《生活饮用水卫生标准》限值,悬浮物和沉积物中大部分金属浓度均低于中国土壤背景值,随流域泥沙汇入可能是中游地区水环境中金属的重要输入方式。

(3) 黄河干流水环境中大部分金属在上游甘宁蒙段、中游部分河段和下游河段中浓度较高,这主要归因于区域工农业发展等高强度人类活动,这些区域应当成为我们黄河生态保护和高质量发展过程中重点关注区域。

(4) 黄河干流沉积物四个粒径级别黏土(0~4 μm)、细粉砂(4~16 μm)、粗粉砂(16~63 μm)和粗颗粒(>63 μm)中,富集在黏土中的痕量金属含量最高,其次是细粉砂,粗粉砂和粗颗粒组分在不同季节的痕量金属含量差异较大。

(5) 黄河金属污染整体处于较低的水平。悬浮物和沉积物的生态危害指数(RI)表明,只有 Cd 处于中等生态危害,其余皆处于轻生态危害;地累积指数(I_{geo})表明,除 As 和 Cd 处于轻度污染外,黄河悬浮物和沉积物整体呈无污染~轻度污染。为减轻黄河表层沉积物中重金属带来的健康生态危害,应注意对 As 和 Cd 污染的防控,尤其是甘宁蒙段和中游库区。

参 考 文 献

伯英,罗立强. 2010. 内蒙古巴彦淖尔地区环境中砷的分布特征. 环境与健康杂志, 27 (8): 696-699.
樊庆云. 2008. 黄河包头段沉积物重金属的生物有效性研究. 呼和浩特: 内蒙古大学博士学位论文.
李华栋,宋颖,王倩倩,等. 2019. 黄河山东段水体重金属特征及生态风险评价. 人民黄河, 41 (4): 51-57.
田莉萍,孙志高,王传远,等. 2018. 调水调沙工程黄河口近岸沉积物重金属和砷含量的空间分布及其生态风险评估. 生态学报, 38 (15): 263-274.
乌云,朝伦巴根,李畅游,等. 2011. 乌梁素海表层沉积物营养元素及重金属空间分布特征. 干旱区资源与环境, 25 (4): 143-148.
俞慎,历红波. 2010. 沉积物再悬浮-重金属释放机制研究进展. 生态环境学报, 19 (7): 1724-1731.
张金良,胡春宏,刘继祥,等. 2021. 多泥沙河流水库汛期水沙调控度研究. 人民黄河, 43 (11): 1-5.
张倩,刘湘伟,税勇,等. 2021. 黄河上游重金属元素分布特征及生态风险评价. 北京大学学报(自然科学版), 57 (2): 333-340.
张旺,王殿武,雷坤,等. 2020. 黄河中下游丰水期水化学特征及影响因素. 水土保持研究, 27 (1): 380-386, 393.

Alahabadi A, Malvandi H. 2018. Contamination and ecological risk assessment of heavy metals and metalloids in surface sediments of the Tajan River, Iran. Marine Pollution Bulletin, 133: 741-749.

Bhosale U, Sahu K C. 1991. Heavy metal pollution around the island city of Bombay, India. Part II: Distribution of heavy metals between water, suspended particles and sediments in a polluted aquatic regime. Chemical Geology, 90 (3-4): 285-305.

Chen H Y, Chen R H, Teng Y G, et al. 2016. Contamination characteristics, ecological risk and source identification of trace metals in sediments of the Le'an River (China). Ecotoxicology and Environmental Safety, 125: 85-92.

Dvorak P, Roy K, Andreji J, et al. 2020. Vulnerability assessment of wild fish population to heavy metals in military training area: Synthesis of a framework with example from Czech Republic. Ecological Indicators, 110: 105920.

Gall M L, Ayrault S, Evrard O, et al. 2018. Investigating the metal contamination of sediment transported by the 2016 Seine River flood (Paris, France). Environmental Pollution, 240: 125-139.

Gao P, Deng J C, Chai X K, et al. 2017. Dynamic sediment discharge in the Hekou-Longmen region of Yellow River and soil and water conservation implications. Science of the Total Environment, 578: 56-66.

Gao X L, Zhou F X, Chen C T A, et al. 2015. Trace metals in the suspended particulate matter of the Yellow River (Huanghe) Estuary: Concentrations, potential mobility, contamination assessment and the fluxes into the Bohai Sea. Continental Shelf Research, 104: 25-36.

Huang H, Zhang H W, Zhong D Y, et al. 2019. Turbulent mechanisms in open channel sediment-laden flows. International Journal of Sediment Research, 34 (6): 550-563.

Izuchukwu Ujah I, Okeke D, Okpashi V E. 2017. Determination of heavy metals in fish tissues, water and sediment from the Onitsha segment of the river niger Anambra State Nigeria. Journal of Environmental & Analytical Toxicology, 7: 507.

Jain C K, Gupta H, Chakrapani G J. 2008. Enrichment and fractionation of heavy metals in bed sediments of River Narmada, India. Environmental Monitoring and Assessment, 141 (1): 35-47.

Jaiswal D, Pandey J. 2019. An ecological response index for simultaneous prediction of eutrophication and metal pollution in large rivers. Water Research, 161: 423-438.

Li R, Tang X Q, Guo W J, et al. 2020a. Spatiotemporal distribution dynamics of heavy metals in water, sediment, and zoobenthos in mainstem sections of the middle and lower Changjiang River. Science of the Total Environment, 714: 136779.

Li Y Y, Gao B, Xu D Y, et al. 2020b. Hydrodynamic impact on trace metals in sediments in the cascade reservoirs, north China. Science of the Total Environment, 716: 136914.

Li Z H, Li Z P, Tang X, et al. 2021. Distribution and risk assessment of toxic pollutants in surface water of the lower Yellow River, China. Water, 13 (11): 1582.

Liang P, Wu S C, Zhang, J, et al. 2016. The effects of mariculture on heavy metal distribution in sediments and cultured fish around the Pearl River Delta region, south China. Chemosphere, 148: 171-177.

Lin L, Li C, Yang W J, et al. 2020. Spatial variations and periodic changes in heavy metals in surface water and sediments of the Three Gorges Reservoir, China. Chemosphere, 240: 124837.

Liu H Q, Liu G J, Da C N, et al. 2015. Concentration and fractionation of heavy metals in the old Yellow River estuary, China. Journal of Environmental Quality, 44 (1): 174-182.

Liu M D, He Y P, Baumann Z, et al. 2020. The impact of the Three Gorges Dam on the fate of metal contaminants across the river-ocean continuum. Water Research, 185: 116295.

Liu M, Fan D J, Bi N S, et al. 2019. Impact of water-sediment regulation on the transport of heavy metals from the

Yellow River to the sea in 2015. Science of the Total Environment, 658: 268-279.

Luo M K, Yu H, Liu Q, et al. 2021. Effect of river-lake connectivity on heavy metal diffusion and source identification of heavy metals in the middle and lower reaches of the Yangtze River. Journal of Hazardous Materials, 416: 125818.

Ma L, Sun J, Yang Z G, et al. 2015. Heavy metal contamination of agricultural soils affected by mining activities around the Ganxi River in Chenzhou, Southern China. Environmental Monitoring and Assessment, 187 (12): 1-9.

Ma X L, Zuo H, Liu J J, et al. 2016. Distribution, risk assessment, and statistical source identification of heavy metals in aqueous system from three adjacent regions of the Yellow River. Environmental Science and Pollution Research, 23: 8963-8975.

Malvandi H. 2017. Preliminary evaluation of heavy metal contamination in the Zarrin-Gol River sediments, Iran. Marine Pollution Bulletin, 117 (1-2), 547-553.

Merciai R, Guasch H, Kumar A, et al. 2014. Trace metal concentration and fish size: Variation among fish species in a Mediterranean river. Ecotoxicology and Environmental Safety, 107: 154-161.

Miao C Y, Ni J R, Borthwick A G. 2010. Recent changes of water discharge and sediment load in the Yellow River basin, China. Progress in Physical Geography, 34 (4): 541-561.

Nawab J, Kahn S, Xiaoping W. 2018. Ecological and health risk assessment of potentially toxic elements in the major rivers of Pakistan: General population *vs*. Fishermen. Chemosphere, 202: 154-164.

Oweson C, Sköld H, Pinsino A, et al. 2008. Manganese effects on haematopoietic cells and circulating coelomocytes of *Asterias rubens* (Linnaeus). Aquatic Toxicology, 89 (2): 75-81.

Qiao S Q, Yang Z H, Pan Y J, et al. 2007. Metals in suspended sediments from the Changjiang (Yangtze River) and Huanghe (Yellow River) to the sea, and their comparison. Estuarine, Coastal and Shelf Science, 74 (3): 539-548.

Rügner H, Schwientek M, Milačič R, et al. 2018. Particle bound pollutants in rivers: Results from suspended sediment sampling in Globaqua River Basins. Science of the Total Environment, 647: 645-652.

Saha N, Rahman M S, Ahmed M B, et al. 2017. Industrial metal pollution in water and probabilistic assessment of human health risk. Journal of Environmental Management, 185: 70-78.

Shen F, Mao L J, Sun R X, et al. 2019. Contamination evaluation and source identification of heavy metals in the sediments from the Lishui River Watershed, Southern China. International Journal of Environmental Research and Public Health, 16 (3): 336.

Song B, Zeng G M, Gong J L, et al. 2017. Evaluation methods for assessing effectiveness of *in situ* remediation of soil and sediment contaminated with organic pollutants and heavy metals. Environment International, 105: 43-55.

Sun C, Wei Q, Ma L X, et al. 2017. Trace metal pollution and carbon and nitrogen isotope tracing through the Yongdingxin River estuary in Bohai Bay, Northern China. Marine Pollution Bulletin, 115 (1-2): 451-458.

Telišman S, Čolak B, Pizent A, et al. 2007. Reproductive toxicity of low-level lead exposure in men. Environmental Research, 105 (2): 256-266.

Varol M, Sünbül M R, Aytop H, et al. 2020. Environmental, ecological and health risks of trace elements, and their sources in soils of Harran Plain, Turkey. Chemosphere, 245: 125592.

Wang H J, Yang Z S, Bi N S, et al. 2005. Rapid shifts of the river plume pathway off the Huanghe (Yellow) River mouth in response to Water-Sediment Regulation Scheme in 2005. Chinese Science Bulletin, 50 (24): 2878-2884.

Wang H J, Yang Z S, Saito Y, et al. 2007. Stepwise decreases of the Huanghe (Yellow River) sediment load (1950—2005): Impacts of climate change and human activities. Global and Planetary Change, 57 (3-4): 331-354.

Wang J, Liu G J, Liu H Q, et al. 2017. Multivariate statistical evaluation of dissolved trace elements and a water quality assessment in the middle reaches of Huaihe River, Anhui, China. Science of the Total Environment, 583: 421-431.

Wu B, Zhao D Y, Jia H Y, et al. 2009. Preliminary risk assessment of trace metal pollution in surface water from Yangtze River in Nanjing section, China. Bulletin of Environmental Contamination and Toxicology, 82 (4): 405-409.

Yan N, Liu W B, Xie H T, et al. 2016. Distribution and assessment of heavy metals in the surface sediment of Yellow River, China. Journal of Environmental Sciences, 39: 45-51.

Zhang G L, Bai J L, Xiao R, et al. 2017. Heavy metal fractions and ecological risk assessment in sediments from urban, rural and reclamation affected rivers of the Pearl River Estuary, China. Chemosphere, 184: 278-288.

Zhang J, Huang W W, Wang J H. 1994. Trace-metal chemistry of the Huanghe (Yellow River), China: Examination of the data from *in situ* measurements and laboratory approach. Chemical Geology, 114 (1-2): 83-94.

Zhao M M, Chen Y P, Xue L G, et al. 2018. Greater health risk in wet season than in dry season in the Yellow River of the Lanzhou region. Science of the Total Environment, 644: 873-883.

第 4 章 黄河鱼类肌肉中痕量金属富集及健康风险评价

人口增长和工农业发展所带来众多的金属，尤其是重金属通过各种途径进入水环境造成污染，这已成为近几十年以来面临的主要环境问题之一，并且日益引起世界各国的关注。河流作为一个相对开放的环境空间，比其他水生生态系统更容易受到金属的污染（Bhuiyan et al.，2014）。痕量金属进入河流后，一部分溶解在水体中，绝大部分被悬浮颗粒物、沉积物吸附沉积，并且在介质间发生迁移转化；另外，还会通过水生生物的吸收和摄食等行为进入生物体，并沿着食物链/网进行富集、传递。由于众多金属具有难降解性和生物累积性，加之不断的外源输入，河流中痕量金属含量的升高可能会对水生生物和人类造成严重的健康风险（Setia et al.，2020；Tokatli & Ustaoğlu，2020；Xiao et al.，2021）。

尽管一些痕量金属是水生生物所必需的元素，但其在机体内超过一定的浓度阈值也会对机体产生毒害作用（Rinklebe et al.，2019）。同时，环境中的大多数金属都具有较高的丰度，并且持续存在还不断产生，除了在水体、悬浮颗粒物和沉积物等环境介质中迁移转化，最终还会在高营养级水生生物体内富集甚至放大（Xiao et al.，2021；Ali & Khan，2019）。金属在水生生物体内富集含量与特征会受到众多因素的影响。如不同金属本身的特性、水生生物所栖息环境中金属的本底浓度、水生生物不同发育阶段及不同食物来源、营养等级等。

从金属自身特征来说，像 Fe、Zn 和 Cu 等是众多有机体生命阶段所必需的元素，而且它们在地壳中本身含量都相对较高，其往往在一些有机体内含量丰富（McGeer et al.，2003；Jain et al.，2008）。鱼类作为人类日常水产品饮食中重要的蛋白质来源，其带来的摄食安全风险不容忽视。同时它作为水生态系统中营养级较高的生物，其机体对金属的生物富集还会受到诸多因素的影响而呈现出一定的空间差异。有研究指出，在同一条河流或同一个湖泊中，不同区域鱼体内部分金属浓度存在显著差异（Rajeshkumar et al.，2018；Muttray et al.，2021）。当然，这可能跟鱼类所处区域环境介质中金属浓度、食物来源乃至食物网复杂程度等有关（Yi et al.，2017；Liu et al.，2019）。由于大部分痕量金属，尤其是一些重金属难以被降解，且沿着食物链传递、富集。因而，鱼类不同生命阶段体内金属含量可能存在差异。研究发现一些鱼类在生长过程中对某些金属表现出明显的生长稀释效应,即鱼体金属浓度随着个体生长而呈逐渐降低趋势的现象(Canli & Atli, 2003; Jiang et al., 2022),尤其是在那些生长快速的鱼类中较为常见(Jardine et al., 2009)。当然,也有一些金属如 Hg 则是随着生长以及营养级的增加而放大(Briand et al., 2018; Sun et al., 2020)。对于金属在鱼体是生物放大还是稀释,在不同环境或是不同鱼种之间可能存在一定的差异。如有研究指出,Cu 和 Cd 在旧金山湾和亚热带沿海潟湖的整个食物网中未发生生物放大现象,但在一些低营养级生物中发生了放大现象(Croteau et al., 2005; Jara-Marini et al., 2009)。从鱼类自身来说,除了生长、发育阶段体内部分金属浓度存在差异,不同食性、营养级鱼类机体中一些金属浓度之间也存在差异。金属元素沿着食物链/网传递,不同食物中金属含量、食物组成、食物网结构及摄食效率都会造成鱼类摄入金属含量不同(Borgå et al., 2012; Yi et al., 2017; Liu et al., 2019)。

黄河作为中国的第二大河流,是中华文明的发祥地,承担着我国 1.4 亿人口的供水、农业灌溉,在我国水资源供应、工农业发展中起着举足轻重的作用。其典型的特征是水少沙多,含沙量高并且水沙关系不协调。近几十年来,黄河整体上水环境质量得到改善,水质有所提升,含沙量降低,但局部地区水环境状况不容乐观,含沙量基数仍然较大(Wu et al., 2021)。自源区至入海口地质、地貌各异,沿程土地利用、人口、工农业发展等都存在差异,这为我们从大空间尺度对鱼类金属富集特征和人类健康风险评价提供了良好的条件。研究结果有助于加深对高含沙河流鱼类金属生物富集特征的认识,为食鱼健康风险提供了理论依据。

4.1 黄河所采集鱼类基本生物学与生态学信息

从黄河干流 33 个河段共采集到用于金属研究的鱼类标本共计 1017 尾,隶属于 5 目 9 科 28 属 32 种。其中鲤科鱼 20 种占所有鱼总数的 62.5%,鳅科鱼 3 种均为高原鳅属,鲿科 2 属(拟鲿属和黄颡鱼属)3 种,鮈科 1 属 2 种(兰州鮈和鮈),胡子鲶科、鲇科、鲑科、鲈科和鳢科均为 1 属 1 种[图 4-1 中鱼类图片引自《中国鱼类图鉴》(李林春,2015)]。从样本空间分布来看,数量前三是鲫、鲤和鮈,分别为 292、195 和 121 尾,主要分布在上游(甘宁蒙段)、中游和下游河段;鳊鱼 51 尾,分布于上游(甘宁蒙段)、中游和下游;鳌、草鱼、赤眼鳟、花鲺、鲢、红鳍原鲌和乌鳢样本量均在 10~30 尾之间,且主要分布于上游(甘宁蒙段)、中游和下游;团头鲂、黄颡鱼、盘䱂拟鲿主要分布于下游,采集到的样本量小于 10 尾;黄河裸裂尻鱼、厚唇裸重唇鱼、黑体高原鳅、拟鮈高原鳅和拟硬刺高原鳅主要分布于源区;鲛和花鲈为河口性鱼类(图 4-1)。

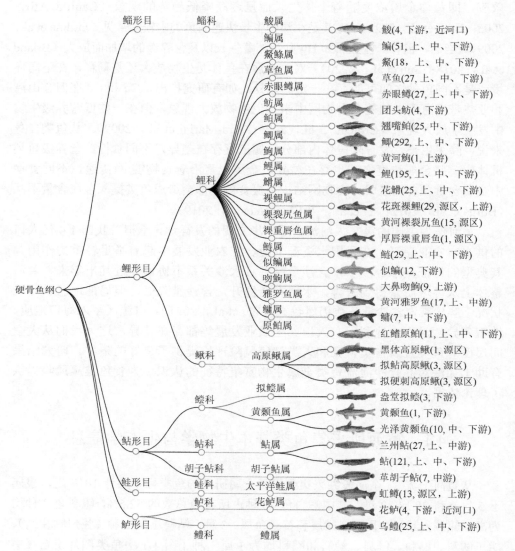

图 4-1 黄河干流所采集鱼类物种名录及其分布区域（括号内数字为所采集到的样本数量）

所选用的 32 种鱼类生物、生态学信息见表 4-1。主要以杂食性、无脊椎动物食性和肉食性鱼类居多。个体上主要以鲢、鳙、鲅、鲇、鲤、草鱼、革胡子鲇、翘嘴鲌和虹鳟较大，平均全长在 31.0～53.2 cm 之间，其他鱼类平均全长均低于 30.0 cm。整体来看，所采集鱼类个体大小、食性等存在一定差异。

表 4-1 黄河干流所采集鱼类生态和生物学信息

物种名	拉丁名	食性	全长（cm）	体长（cm）	体重（g）
黄河裸裂尻鱼	Schizopygopsis pylzovi	腐屑食性	20.0±7.7	17.1±7.0	97.3±109.6
似鳊	Pseudobrama simoni	腐屑食性	16.2±2.1	13.5±1.8	39.8±16.5
鲢	Hypophthalmichthys molitrix	浮游生物食性	34.3±12.7	29.2±11.1	652.4±541.0
鳙	Aristichthys nobilis	浮游生物食性	51.5±17.9	43.7±15.7	1120.5±793.2
鲅	Liza haematocheila	浮游生物食性	31.0±2.1	28.1±2.6	299.5±77.4
鳊	Parabramis pekinensis	草食性	27.3±3.0	22.9±2.2	241.6±58.9
草鱼	Ctenopharyngodon idellus	草食性	53.2±6.8	45.6±4.5	2083.1±368.4
团头鲂	Megalobrama amblycephala	草食性	28.6±2.9	24.2±2.3	262.2±22.5
盎堂拟鲿	Pseudobagrus ondon	杂食性	19.3±4.4	16.353.0	44.7±20.9
鳌	Hemiculter leucisculus	杂食性	16.4±2.2	13.6±2.0	35.5±16.6
赤眼鳟	Squaliobarbus curriculus	杂食性	21.7±3.1	18.3±2.6	104.6±25.0
革胡子鲇	Clarias gariepinus	杂食性	48.9±2.0	43.7±1.2	675.7±56.6
光泽黄颡鱼	Pelteobaggrus nitidus	杂食性	23.9±12.8	19.3±11.0	336.6±575.5
黄河雅罗鱼	Leuciscus chuanchicus	杂食性	27.0±4.0	22.7±3.7	169.5±9.5
黄颡鱼	Pelteobagrus fulvidraco	杂食性	14.0	11.5	21.0
鲫	Carassius auratus	杂食性	20.0±1.4	15.4±1.0	115.1±17.8
大鼻吻鮈	Rhinogobio nasutus	无脊椎动物食性	28.0±0.9	23.7±0.4	154.9±14.6
黑体高原鳅	Triplophysa obscura	无脊椎动物食性	15.6	13.3	21.4
厚唇裸重唇鱼	Gymnodiptychus pachycheilus	无脊椎动物食性	29.0	24.8	186.0
花斑裸鲤	Gymnocypris eckloni	无脊椎动物食性	14.2±1.1	12.2±0.7	22.8±5.8
花䱻	Hemibarbus maculatus	无脊椎动物食性	27.0±4.0	22.7±3.7	169.5±29.5
黄河鮈	Gobio huanghensis	无脊椎动物食性	12.5	11.2	15.6
鲤	Cyprinus carpio	无脊椎动物食性	33.4±3.5	27.8±3.1	705.5±99.3
拟鲇高原鳅	Triplophysa siluroides	无脊椎动物食性	26.4±5.8	23.1±5.2	148.2±88.1
拟硬刺高原鳅	Triplophysa pseudoscleroptera	无脊椎动物食性	19.1±2.2	16.1±2.0	47.4±7.3
红鳍原鲌	Cultrichthys erythropterus	肉食性	26.8±3.7	23.7±3.4	167.2±10.3
虹鳟	Oncorhynchus mykiss	肉食性	34.2±2.4	31.0±1.6	800.7±148.2
兰州鲇	Silurus lanzhouensis	肉食性	47.8±4.4	44.8±4.0	830.4±187.2
鲇	Silurus asotus	肉食性	34.9±3.4	32.2±3.1	324.0±42.2
翘嘴鲌	Erythroculter ilishaeformis	肉食性	34.6±2.4	29.2±2.1	226.2±28.0
乌鳢	Channa argus	肉食性	28.2±4.6	25.3±4.1	225.8±22.3
花鲈	Lateolabrax maculatus	肉食性	23.5±0.9	19.7±0.7	128.6±13.7

4.2 鱼类肌肉中稳定同位素及痕量金属浓度

鱼类肌肉碳 δ^{13}C 在 –30.87‰～–17.92‰ 之间，平均值为 –23.97±2.28‰。源区、上、中、下游鱼类肌肉 δ^{13}C 平均值分别为 –25.33‰、–23.51‰、–24.02‰ 和 –23.91‰，但区域之间无显著差异（$p>0.05$）。分区域、分食性分析发现，源区腐屑食性、无脊椎动物食性和肉食性鱼类肌肉 δ^{13}C 之间无显著差异（$p>0.05$）；上游和中游草食性、杂食性、无脊椎动物食性和肉食性鱼类肌肉 δ^{13}C 之间均无显著差异（$p>0.05$），但均显著低于浮游生物食性鱼类（$p<0.05$）；下游鱼类肌肉 δ^{13}C 排序为杂食性＜草食性＜肉食性＜无脊椎动物食性＜腐屑食性且无显著差异（$p>0.05$），但无脊椎动物食性鱼类肌肉 δ^{13}C 显著低于浮游生物食性鱼类（$p<0.05$），而腐屑食性与浮游生物食性鱼类肌肉 δ^{13}C 之间差异不显著（$p>0.05$）[图4-2（a）]。

鱼类肌肉 δ^{15}N 在 3.58‰～19.37‰ 之间，平均值为 10.89‰±3.19‰。源区、上、中、下游鱼类肌肉 δ^{15}N 平均值分别为 10.81‰、10.59‰、12.32‰ 和 9.51‰，但区域之间无显著差异（$p>0.05$）。分区域、分食性分析发现，源区腐屑食性、无脊椎动物食性和肉食性鱼类肌肉 δ^{15}N 之间无显著差异（$p>0.05$）；上游（甘宁蒙段）浮游生物食性、草食性、杂食性、无脊椎动物食性和肉食性鱼类肌肉 δ^{15}N 之间均无显著差异（$p>0.05$）；中游鱼类肌肉 δ^{15}N 排序为草食性＜无脊椎动物食性＜杂食性＜浮游生物食性＜肉食性，草食性鱼类肌肉 δ^{15}N 显著低于杂食性鱼类（$p<0.05$），无脊椎动物食性鱼类肌肉 δ^{15}N 显著低于肉食性鱼类（$p<0.05$），但无脊椎动物食性、杂食性和浮游生物鱼类肌肉 δ^{15}N 之间均无显著差异（$p>0.05$）；下游鱼类肌肉 δ^{15}N 排序为无脊椎动物食性＜杂食性＜浮游生物食性＜草食性＜腐屑食性＜肉食性鱼类，杂食性、浮游生物食性和草食性鱼类肌肉 δ^{15}N 之间均无显著差异（$p>0.05$），腐屑食性与肉食性鱼类肌肉 δ^{15}N 之间均无显著差异（$p>0.05$），但无脊椎动物食性鱼类肌肉 δ^{15}N 显著低于腐屑食性鱼类（$p<0.05$）[图4-2（b）]。

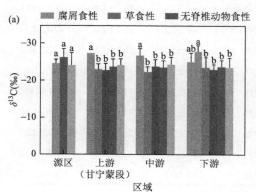
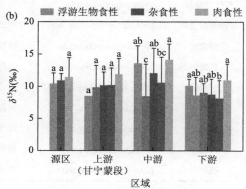

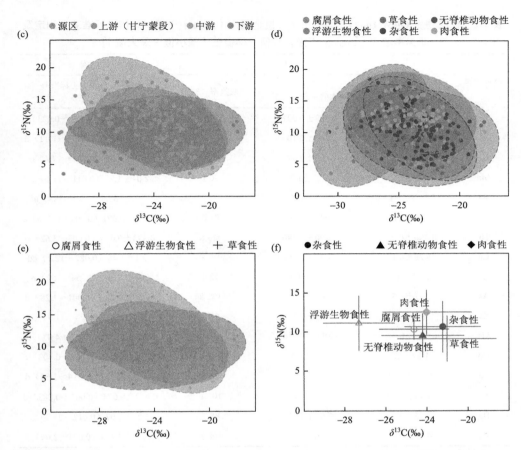

图 4-2 黄河干流不同区域和食性鱼类 δ^{13}C（a）和 δ^{15}N（b）稳定同位素比值及食物网特征图 [（c）～（f）]

整体来看，黄河干流鱼类肌肉碳、氮稳定同位素比值在空间和食性上存在一定差异，肉食性鱼类食物网结构与其他食性鱼类相比要相对复杂 [图 4-2（c）～（f）]。

标准物质 GBW 10024（扇贝）中 17 种痕量金属浓度回收率在 83.0%（Co）～113.8%（Ni）之间（表 4-2），相对标准偏差 RSD<8.6%。从整个干流来看，32 种鱼体肌肉中痕量金属平均浓度范围为（0.002±0.002）mg/kg 干重（Be）至 56.8±62.0 mg/kg 干重（Fe）。Zn 平均浓度为 38.7±26.6 mg/kg 干重，显著低于 Fe 浓度。紧随其后依次为 Cr、Ba、Mn，且浓度之间无显著差异（$p>0.05$），但均显著低于 Zn 浓度（$p<0.05$）。Se、Cu 和 Mo 浓度之间无显著差异（$p>0.05$），但均显著低于 Mn 浓度（$p<0.05$）。其余金属平均浓度之间无显著差异（$p>0.05$）且小于 1 mg/kg 干重，但均显著低于 Se、Cu 和 Mo 浓度（$p<0.05$）（表 4-2）。

表 4-2　标准物质 GBW 10024（扇贝）中痕量金属值（mg/kg 干重，均值±标准差）测定及肌肉中浓度 [mg/kg 干重，均值±标准差（最小值～最大值）]

痕量金属	GBW 10024			肌肉
	测定值（均值±标准差）	标准值（均值±标准差）	回收率（%）	浓度 [平均值±标准差（最小值～最大值）]
Be	0.003±0.000	0.003±0.001	99.8	0.002±0.002（0.001～0.023）d
V	0.34±0.08	0.36±0.10	94.4	0.146±0.147（0.001～1.02）d
Cr	0.31±0.06	0.28±0.07	110.7	2.39±2.74（0.001～17.4）c
Mn	17.3±1.8	19.2±1.2	90.1	2.04±1.77（0.011～12.0）c
Fe	38.4±6.1	41.0±5.0	93.7	56.8±62.0（1.96～383）a
Co	0.039±0.006	0.047±0.006	83.0	0.075±0.071（0.001～0.516）d
Ni	0.330±0.050	0.290±0.080	113.8	0.393±0.493（0.002～3.62）d
Cu	1.28±0.17	1.34±0.18	95.5	1.61±1.40（0.082～12.2）cd
Zn	69.3±3.9	75.0±3.0	92.4	38.7±26.6（0.154～152）b
As	3.7±0.5	3.6±0.6	102.8	0.257±0.228（0.001～1.28）d
Se	1.4±0.2	1.5±0.3	93.3	1.64±1.00（0.054～11.9）cd
Mo	0.075±0.020	0.066±0.016	113.6	0.842±0.825（0.012～4.07）cd
Cd	1.17±0.2	1.06±0.1	110.4	0.011±0.029（0.001～0.403）d
Sn	0.12±0.01	（0.13）	92.3	0.315±0.213（0.014～1.54）d
Sb	0.015±0.020	（0.014）	107.1	0.057±0.074（0.001～0.883）d
Ba	0.55±0.03	0.62±0.06	88.7	2.22±3.07（0.012～25.7）c
Pb	0.13±0.01	（0.12）	108.3	0.214±0.258（0.001～2.09）d

注：标准物质测定值小数位数和给定标准值保持一致。肌肉中金属浓度较低的结果与检测限小数位数保持一致，浓度较高的结果保留三位有效数字。不同的小写字母表示在 0.05 水平下有显著差异。

痕量金属进入水环境后，除了存在于水体、悬浮颗粒物和沉积物等介质中，还会在水生生物体内富集。水环境中的溶解态和颗粒态金属容易被水生生物如鱼、虾、贝和浮游生物等吸收。例如，水体中的痕量金属可以被鱼类和贝类等通过鳃、肌肉等组织直接渗透吸收，另外也通过摄取食物的方式使之进入体内产生富集（刘长发等，2001；Ribeiro et al.，2005）。本研究中，鱼类肌肉中 Fe 和 Zn 浓度最高。这两种元素均为鱼体生命活动过程中所必需的元素，其在生物体的代谢和生长过程中起着重要作用，容易被机体吸收和富集（McGeer et al.，2003；Bonsignore et al.，2018）。Fe 作为有机体内较为丰富的元素，其在机体血红素结合蛋白、血红蛋白和肌红蛋白等行使其功能的过程中起着重要作用（Kuhn et al.，2016）。研究指出 Zn 是维持 DNA、细胞膜、核糖体等生物大分子结构稳定所必需的元素，在鱼类中的含量较高（Vallee & Falchuk，1993）。Cd、As 和 Pb 等有毒金属平均浓度均在 1 mg/kg 干重以下，其为生物体的非必需元素且具有较高的致毒性，故在鱼类中含量相对较低（Dauvalter et al.，2009；Xu et al.，2021）。黄河干流鱼类肌肉平均含水率约为 22.4%，以湿重计，Zn、Pb、Cd、As、Cu 和 Cr 平均浓度分别为 8.66 mg/kg、0.048 mg/kg、0.003 mg/kg、0.058 mg/kg、0.360 mg/kg 和 0.535 mg/kg，均低于国内外组织机构所规定安全浓度限值（100 mg/kg、0.5 mg/kg、0.1 mg/kg、6 mg/kg、40 mg/kg 和 2 mg/kg）（FAO/WHO，1998；EC，2006；国家食品药品监督管理总局，2017）。同时，本研究中鱼体肌肉中大部分金属如 Cu、Cd 和 Pb 等浓度与其他河流如长江（Yi et al.，2011）、湘江（Jia et al.，2018）、珠江（Leung et al.，2014）中的浓度相当，但 Cr 和 As 浓度则是在黄河鱼体中较高。

黄河干流鱼类肌肉中除 Be 和 Zn 外，其余金属浓度存在一定的空间差异（图 4-3）。肌肉中 V 和 Sb 浓度在源区和上游（甘宁蒙段）显著低于中游和下游（$p<0.05$），但源区与上游（甘宁蒙段）、中游与下游之间差异不显著（$p>0.05$）；Fe 和 Ba 浓度在源区、上、中游之间差异不显著（$p>0.05$），但均显著低于下游（$p<0.05$）；Se 和 Sn 浓度则是源区、中、下游之间无显著差异（$p>0.05$），但均显著低于中游（$p<0.05$）；肌肉中 As 浓度在下游显著低于上游（甘宁蒙段）（$p<0.05$），其他区域两两之间无显著差异（$p>0.05$），而 Cd 除了上游（甘宁蒙段）显著低于下游外（$p<0.05$），其他分布趋势和 As 一致。Cr 浓度均值排序为源区<上游（甘宁蒙段）<中游<下游，且源区显著低于其他 3 个区域（$p<0.05$），但上、中游之间差异不显著（$p>0.05$）；Mn 浓度均值排序为中游<上游（甘宁蒙段）<下游<源区，且中游显著低于源区（$p<0.05$），但上、下游之间无显著差异（$p>0.05$）；Co 浓度源区与下游、上游（甘宁蒙段）与下游之间无显著差异（$p>0.05$），但源区、上、中游两两之间差异显著（$p<0.05$）；Ni 浓度均值排序为源区>上游（甘宁蒙段）>下游>中游，中下游之间差异不显著（$p>0.05$），但源区、中、上游（甘宁蒙段）之间有显著差异（$p<0.05$）；肌肉中 Cu 浓度在中游和下游之间差异显著（$p<0.05$），但源区和中、下游之间均差异不显著（$p>0.05$）；Mo 平均浓度从源区到中游逐渐升高，到下游略降，中下游之间差异不显著（$p>0.05$）；肌肉中 Pb 浓度则是上、中、下游之间无显著差异（$p>0.05$），但均显著低于源区（$p<0.05$）（图 4-3）。从食性上来看，肌肉中 Be、Fe 和 Cd 在 6 种食性间均无显著差异（图 4-4）（$p>0.05$）。V、Co、Cu、Ba 和 Pb 浓度在肉食性鱼类肌肉中浓度相对较低，在草食性和杂食性鱼类肌肉中较高。Cr、Se、Mo 和 Sn 在腐屑食性鱼类肌肉中浓度较低，而 Ni、Zn 则是在浮游生物鱼类肌肉中浓度较低。Co 在腐屑食性、浮游生物食性和草食性鱼类肌肉中浓度显著高于其他食性鱼类（$p<0.05$），As 则是在浮游生物食性、杂食性、腐屑食性鱼类肌肉中浓度显著高于其他 3 种食性鱼类（$p<0.05$）。整体来看，不同食性鱼类肌肉中大多数痕量金属浓度至少在两种食性间有显著差异（图 4-4）。

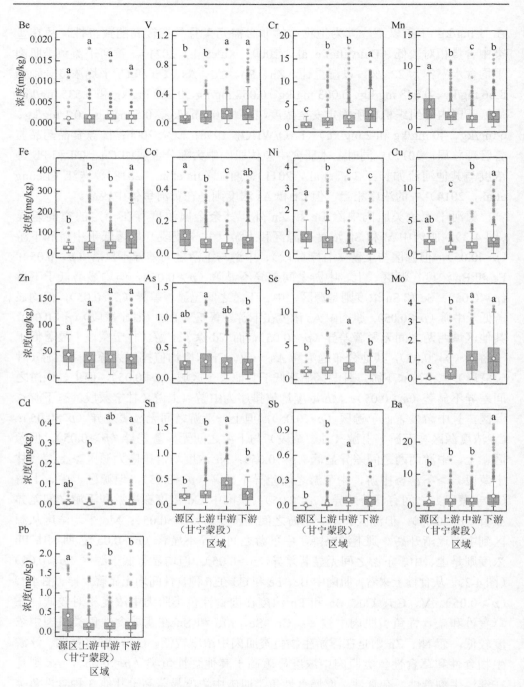

图 4-3 黄河不同区域鱼体肌肉中痕量金属浓度（干重，箱图上不同小写字母表示在 0.05 水平下显著）

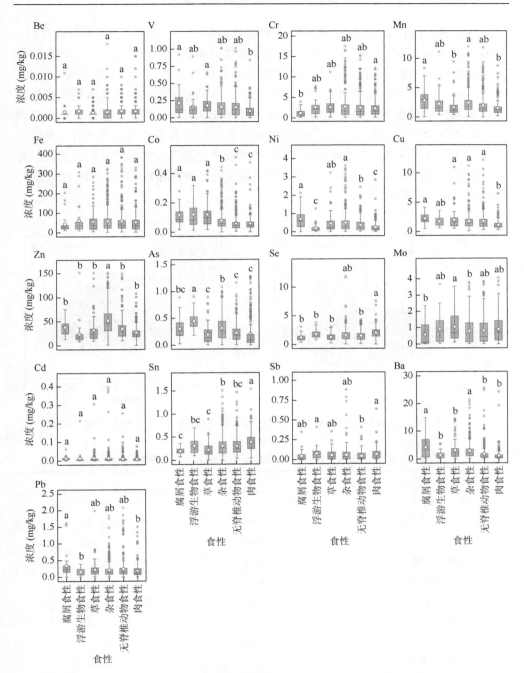

图 4-4 黄河不同食性鱼体肌肉中痕量金属浓度（干重，箱图上不同小写字母表示在 0.05 水平下显著）

综合考虑所有金属元素，对其在不同区域和食性鱼类肌肉中浓度差异性分析。NMDS 和 ANOSIM 结果显示，肌肉中金属浓度分布在源区和其他 3 个区域之间差异不显著（$p>0.05$），但这 3 个区域两两之间有显著差异（$p<0.05$）[图 4-5（a）和表 4-3]。腐屑食性鱼类肌肉中金属浓度分布除了和浮游生物食性鱼类差异显著外，与其他食性鱼类之间均无显著差异（$p>0.05$），同时浮游生物食性鱼类肌肉中金属浓度分布与杂食性和无脊椎动物食性鱼类均差异显著（$p<0.05$）。草食性鱼类肌肉中金属浓度分布与杂食性、无脊椎动物食性和肉食性鱼类之间有显著差异（$p<0.05$），肉食性鱼类与杂食性和无脊椎动物食性之间也有显著的差异性（$p<0.05$）[图 4-5（b）和表 4-3]。

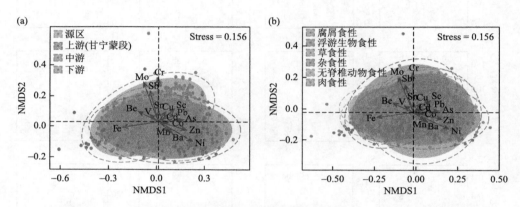

图 4-5 黄河鱼体肌肉中痕量金属浓度区域（a）和食性（b）的 NMDS 排序图

表 4-3 鱼体肌肉中痕量金属浓度在不同区域和食性间的相似性分析

组间	R	p
源区-上游（甘宁蒙段）	−0.113	0.995
源区-中游	0.023	0.278
源区-下游	0.007	0.406
上游（甘宁蒙段）-中游	**0.046**	**0.001**
上游（甘宁蒙段）-下游	**0.075**	**0.001**
中游-下游	**0.086**	**0.001**
腐屑食性-浮游生物食性	**0.178**	**0.001**
腐屑食性-草食性	0.001	0.483
腐屑食性-杂食性	−0.023	0.682
腐屑食性-无脊椎动物食性	−0.023	0.642
腐屑食性-肉食性	0.055	0.152
浮游生物食性-草食性	0.009	0.377

续表

组间	R	p
浮游生物食性-杂食性	**0.283**	**0.001**
浮游生物食性-无脊椎动物食性	**0.106**	**0.022**
浮游生物食性-肉食性	0.082	0.059
草食性-杂食性	**0.176**	**0.001**
草食性-无脊椎动物食性	**0.069**	**0.009**
草食性-肉食性	**0.069**	**0.010**
杂食性-无脊椎动物食性	**0.072**	**0.001**
杂食性-肉食性	**0.150**	**0.001**
无脊椎动物食性-肉食性	**0.020**	**0.004**

注：$p<0.05$ 的组加粗显示。

为进一步确定空间和食性因素对鱼类肌肉中各金属浓度差异的影响。对其进行双因素（区域和食性）方差分析。结果发现，鱼类肌肉中 Be 浓度仅受到区域与食性的交互作用影响（$p=0.032$）；V 和 Se 则是区域（$p<0.001$）和食性（$p<0.001$）均有影响但无交互作用（$p>0.05$），其中区域影响作用要高于食性（区域偏 η^2 大于食性）；肌肉中 Fe、Mo、Sb 和 Pb 浓度主要受到区域（$p<0.001$）、区域和食性交互（$p<0.05$）影响，且区域影响作用较大（区域偏 η^2 大于交互作用偏 η^2）；Zn 和 As 则是主要受到食性（$p<0.001$）、区域和食性交互（$p<0.01$）影响，且食性影响作用较大（食性偏 η^2 大于交互作用偏 η^2）；鱼类肌肉中 Cr、Mn、Co、Ni、Cu、Cd、Sn 和 Ba 浓度则是受到区域（$p<0.001$）、食性（$p<0.05$）及二者交互作用（$p<0.05$）的影响，其中，对于 Cr、Mn、Co、Ni、Cu 和 Cd，区域、食性、二者交互作用影响程度依次减小（偏 η^2 依次减小），但 Sn 是食性（偏 η^2 为 0.079）影响小于交互作用（偏 η^2 为 0.081），Ba 则是区域（偏 η^2 为 0.195）小于食性（偏 η^2 为 0.252）的影响（表 4-4）。

表 4-4 区域和食性对鱼体肌肉中痕量金属浓度影响的双因素方差分析结果

金属	主体间效应	偏 η^2	p	金属	主体间效应	偏 η^2	p
Be	区域	0.045	0.052	As	区域	0.040	0.074
	食性	0.018	0.418		食性	0.211	**<0.001**
	区域×食性	0.035	**0.032**		区域×食性	0.074	**<0.001**
V	区域	0.183	**<0.001**	Se	区域	0.217	**<0.001**
	食性	0.177	**<0.001**		食性	0.138	**<0.001**
	区域×食性	0.025	0.177		区域×食性	0.030	0.078

续表

金属	主体间效应	偏η^2	p	金属	主体间效应	偏η^2	p
Cr	区域	0.330	<0.001	Mo	区域	0.570	<0.001
	食性	0.053	**0.009**		食性	0.026	0.198
	区域×食性	0.061	<0.001		区域×食性	0.040	**0.011**
Mn	区域	0.276	<0.001	Cd	区域	0.100	<0.001
	食性	0.159	<0.001		食性	0.040	**0.041**
	区域×食性	0.042	**0.008**		区域×食性	0.036	**0.024**
Fe	区域	0.279	<0.001	Sn	区域	0.643	<0.001
	食性	0.025	0.205		食性	0.079	<0.001
	区域×食性	0.042	**0.008**		区域×食性	0.081	<0.001
Co	区域	0.274	<0.001	Sb	区域	0.373	<0.001
	食性	0.232	<0.001		食性	0.025	0.218
	区域×食性	0.057	<0.001		区域×食性	0.038	**0.018**
Ni	区域	0.617	<0.001	Ba	区域	0.195	<0.001
	食性	0.105	<0.001		食性	0.252	<0.001
	区域×食性	0.078	<0.001		区域×食性	0.042	**0.007**
Cu	区域	0.423	<0.001	Pb	区域	0.177	<0.001
	食性	0.205	<0.001		食性	0.019	0.375
	区域×食性	0.069	<0.001		区域×食性	0.062	<0.001
Zn	区域	0.031	0.151				
	食性	0.448	<0.001				
	区域×食性	0.040	**0.010**				

注:$p<0.05$ 的值加粗显示。

4.3 鱼类肌肉对痕量金属的生物富集及影响因素

4.3.1 生物富集系数

从黄河干流所有鱼类肌肉样本来看,Cr、Zn 和 Sn 对水体金属的平均富集系数 BF_W 值分别为 1.827×10^3 L/kg、5.666×10^3 L/kg 和 1.809×10^3 L/kg(湿重),均超过 1×10^3 L/kg。其中,Cr 和 Sn 的 BF_W 值之间无显著差异($p>0.05$),但均显著低于 Zn 的 BF_W 值($p<0.05$)。其余金属的平均 BF_W 值排序为 Mn>Fe>Se>Cu>Pb>Cd>Be>Co>As>Mo>Ni>V>Sb>Ba,其中 Se 的 BF_W 值显著高于 Cu($p<0.05$),Mn、Fe 和 Se 之间无显著差异($p>0.05$),Cu、Pb、Cd、Be、Co、

As、Mo、Ni、V 和 Sb 之间无显著差异（$p>0.05$），但 Sb 的 BF_W 值显著高于 Ba（$p<0.05$）（表 4-5）。

表 4-5　黄河鱼体肌肉对水体（10^3 L/kg 湿重）、悬浮物（干重）和沉积物（干重）中 17 种痕量金属平均富集因子

痕量金属	BF_W	BF_{SPM}	BF_S
Be	0.131 de	0.001 e	0.001 e
V	0.018 de	0.002 e	0.003 e
Cr	**1.827 b**	0.045 e	0.053 de
Mn	0.665 c	0.004 e	0.006 e
Fe	0.566 c	0.004 e	0.003 e
Co	0.050 de	0.007 e	0.009 e
Ni	0.022 de	0.014 e	0.020 e
Cu	0.205 d	0.074 e	0.107 de
Zn	**5.666 a**	0.684 c	0.913 c
As	0.038 de	0.012 e	0.021 e
Se	0.501 c	**6.351 a**	**2.908 b**
Mo	0.034 de	**2.069 b**	**3.449 a**
Cd	0.135 de	0.103 e	0.181 d
Sn	**1.809 b**	0.085 e	0.116 de
Sb	0.012 de	0.427 d	0.125 de
Ba	0.007 e	0.007 e	0.011 e
Pb	0.136 de	0.013 e	0.022 e

注：BF_W 值大于 1×10^3 L/kg，BF_{SPM} 和 BF_S 值大于 1 加粗显示。不同小写字母表示在 0.05 水平下显著。

对于悬浮物，Se 和 Mo 在肌肉中富集系数 BF_{SPM} 值均超过 1（干重）。金属平均 BF_{SPM} 值排序为 Se>Mo>Zn>Sb>Cd，且两两之间差异显著（$p<0.05$），其余金属 BF_{SPM} 值之间无显著差异（$p>0.05$），但均显著低于 Cd（$p<0.05$）。沉积物也是 Se 和 Mo 的 BF_S 大于 1，金属平均 BF_S 值排序为 Mo>Se>Zn>Cd，且两两之间差异显著（$p<0.05$），Cd、Sb、Sn、Cu、Cr 之间无显著差异（$p>0.05$），但 Cr 的 BF_W 值显著高于 Pb（$p<0.05$），其与金属与 Pb 的 BF_W 值两两之间均无显著差异（$p>0.05$）（表 4-5）。

4.3.2　鱼类肌肉中痕量金属浓度的影响因素

金属在生物体内的累积不仅与金属特性如金属硫蛋白水平和一些物理条件等因素有关，还会受到栖息环境中的金属浓度的影响（Kumar et al.，2015；Vergani，

2015)。本研究中，黄河干流鱼类肌肉中部分金属与水环境介质中对应金属浓度之间存在相关性。如肌肉与水体中 V-V（$r=0.16$，$p<0.001$）、Cr-Cr（$r=0.30$，$p<0.001$）、Fe-Fe（$r=0.17$，$p<0.001$）、Cu-Cu（$r=0.16$，$p<0.001$）、Mo-Mo（$r=0.40$，$p<0.001$）、Cd-Cd（$r=0.17$，$p<0.001$）、Sb-Sb（$r=0.44$，$p<0.001$）、Ba-Ba（$r=0.16$，$p<0.001$）显著相关。肌肉与悬浮物中 Be-Be（$r=0.14$，$p<0.001$）和 Mn-Mn（$r=0.08$，$p=0.015$）显著相关。沉积物中 Be-Be（$r=0.15$，$p<0.001$）、Cr-Cr（$r=0.28$，$p<0.001$）、Fe-Fe（$r=0.13$，$p<0.001$）、Cu-Cu（$r=0.19$，$p<0.001$）、Se-Se（$r=0.17$，$p<0.001$）、Sn-Sn（$r=0.18$，$p<0.001$）、Ba-Ba（$r=0.07$，$p=0.021$）显著相关（图4-6）。

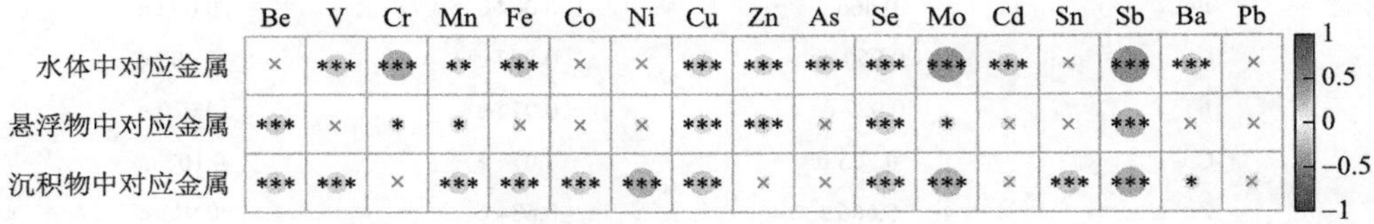

图4-6 黄河鱼体肌肉和水体、悬浮物、沉积物中对应痕量金属元素浓度相关性分析（"*"、"**"和"***"分别表示在0.05、0.01和0.001水平下显著，"×"表示在0.05水平下不显著）

研究指出 Cu、Pb、Zn 和 Cd 是多金属矿床的主要成矿元素，河流上游的采矿作业不可避免地会影响水体鱼类中 Cu、Pb、Zn 和 Cd 的累积，但有些金属像 As，鱼体中的浓度显著低于悬浮物和沉积物中的浓度，而且其富集系数 BF_{SPM} 和 BF_S 分别为 0.012 和 0.021，这主要是因为 As 的生物有效性较低（Miao et al.，2020）。先前研究也报道了沉积物中 As 的平均生物有效性只有 26%，仅为 Cd、Pb 和 Zn 平均生物有效性的一半（蓝小龙等，2018）。除了不同区域环境介质中本底浓度会影响鱼体金属浓度及分布，食性、食物组成、营养水平以及食物网结构等也是重要的影响因素。本研究中，不同食性鱼类肌肉中大部分金属浓度至少在两种食性间有显著差异。如 Se 和 Sn 浮游生物食性和草食性鱼类肌肉中浓度低于杂食性和肉食性鱼类。这可能是因为以藻类或植被为食的鱼类积累了较低的金属含量（Yi & Zhang，2012；Jiang et al.，2018）。正如本研究发现鱼类肌肉中 Cr、Mn、Co、Ni、Cu、Cd、Sn 和 Ba 浓度受到区域（$p<0.001$）、食性（$p<0.05$）及二者交互作用（$p<0.05$）的共同影响，且影响程度有所差异（参见表4-4）。说明鱼类对金属的富集是个复杂的综合过程，栖息环境中本底浓度和食物链/网中生物累积只是影响其富集特征的众多因素之二（Mendoza-Carranza，2016；Jiang et al.，2018）。

通过回归分析发现，肌肉中 Fe 浓度随碳稳定同位素比值 $\delta^{13}C$ 增加而逐渐升高，As、Se 和 Pb 浓度随碳稳定同位素比值 $\delta^{13}C$ 增加而逐渐降低。肌肉中 V、Mn、

Fe、Co、Cu 和 Ba 随氮稳定同位素比值 $\delta^{15}N$ 增加而逐渐降低，而 Se 和 Sn 却是随着氮稳定同位素比值 $\delta^{15}N$ 增加而逐渐升高（图 4-7）。肌肉中 V、Mn、Co、Ni、

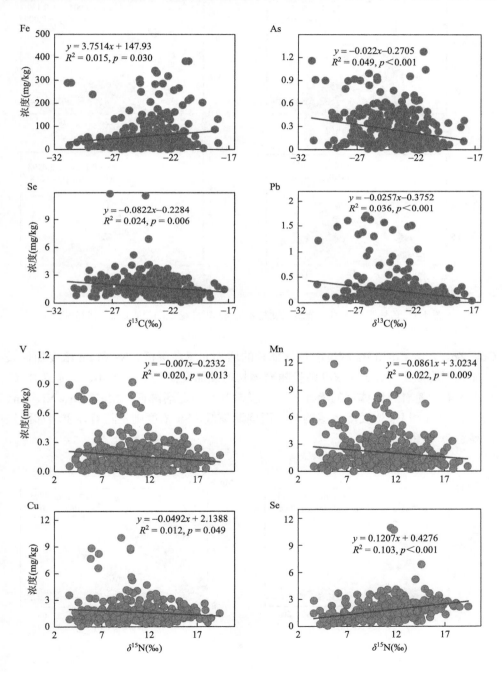

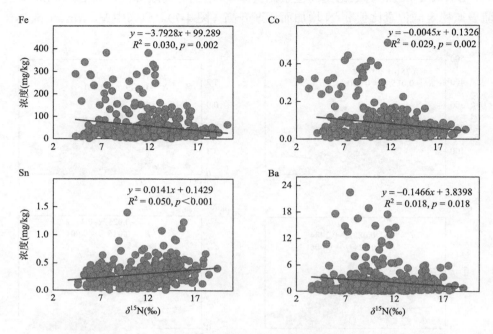

图 4-7 鱼体肌肉中痕量金属浓度与 $\delta^{13}C$ 和 $\delta^{15}N$ 稳定同位素比值回归分析

Cu、Zn、As、Cd 和 Ba 浓度随鱼体体长的增加而逐渐降低，Se 和 Sn 浓度随体长增加先下降后上升，Mo 浓度则呈随着体长增加而升高趋势（图 4-8）。肌肉中 Cr 和 Mo 浓度随着鱼体体重的增加显示出轻微升高后逐渐降低，Mn、Co、Ni、Zn、As、Se、Cd 和 Ba 浓度随体重的增加而逐渐降低，Sn 浓度则是随着体重增加而呈升高趋势（图 4-9）。

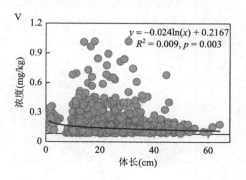
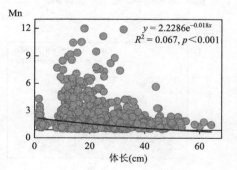

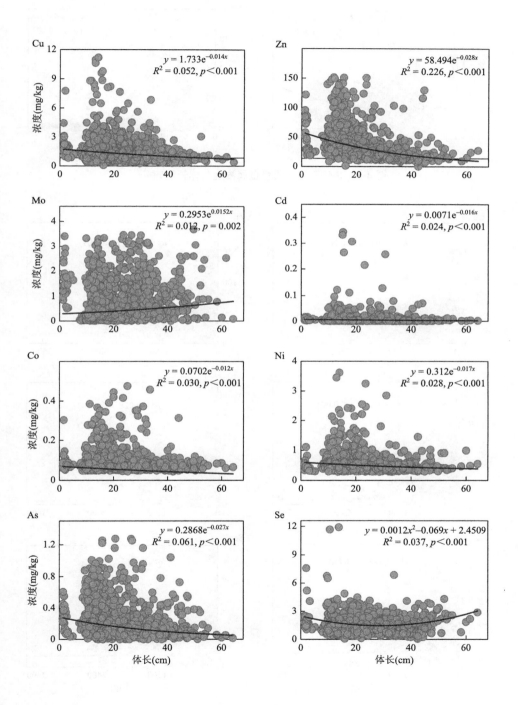

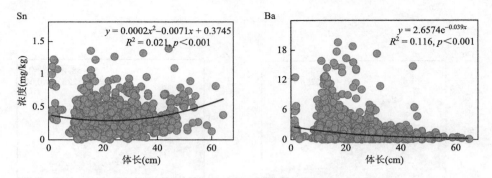

图 4-8 鱼体肌肉中痕量金属浓度与体长回归分析

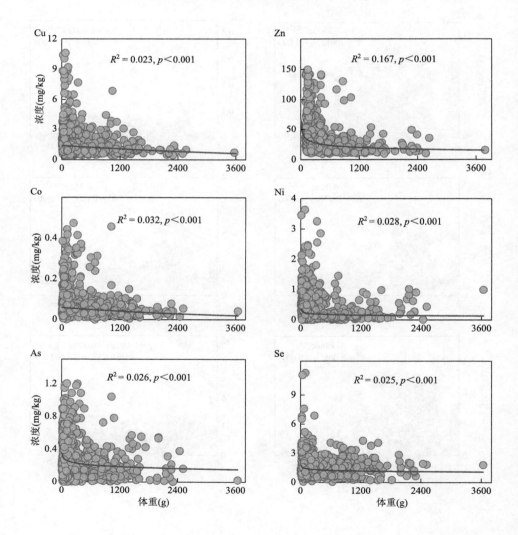

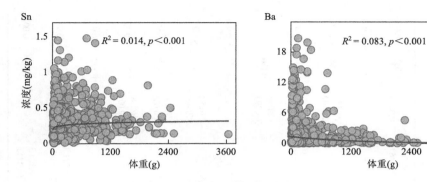

图 4-9 鱼体肌肉中痕量金属浓度与体重回归分析

多元逐步回归模型结果表明，除 Be、Cr、Co、Sn 和 Pb 外，本研究中肌肉中其他金属浓度都会受到除体长、体重、δ^{13}C、δ^{15}N、水环境介质中金属浓度（C_W、C_{SPM}、C_S）及其他因素的影响（回归系数 a 显著）（表 4-6）。在本研究的因素中，肌肉中 Be、Cr、Ni、Mo 和 Cd 浓度分别主要受到悬浮物和沉积物中 Be 浓度、水体和沉积物中 Cr 浓度、体长和沉积物中 Ni 浓度、水体和悬浮物中 Ni 浓度、体长和水体中 Pb 浓度的影响；V 和 Ba 浓度均主要受到水体和沉积物中对应金属浓度的影响；Mn 浓度主要受到体长、δ^{15}N 和悬浮物中 Mn 的影响；Fe 则是受到 δ^{15}N、水体和沉积物中 Fe 浓度的影响；Co 和 Sn 浓度（还有悬浮物中 Sn 浓度）主要受体重、δ^{13}C 和 δ^{15}N 影响；Cu 和 Zn 浓度则是受到体长、δ^{15}N、水体和沉积物中对应金属浓度的主导；As 浓度主要受到体长、δ^{15}N 和沉积物中 As 浓度的影响；Se 浓度受到体长、δ^{15}N 和水环境介质中 Se 浓度主导；Sb 和 Pb 浓度分别主要受到水体 Sb 浓度和 δ^{13}C 的影响（表 4-6）。

鱼类在不同生长发育阶段对金属的富集也会存在差异。鱼类对金属是生物富集还是生长稀释与其生长速率的快慢有关。如果生长速率快，金属在鱼体将会分散在一个更大体积中，这样就会稀释质量单位的金属浓度。但当水中金属浓度高于稀释因子时，则不会发生生长稀释，而产生正向的生物累积（Jardine et al.，2009；de Castro Rodrigues et al.，2010；Vieira et al.，2020）。本研究中，大多数金属如 Mn、Ni 和 Zn 等浓度随鱼类体长、体重的增加而逐渐降低，即发生了生长稀释。鱼类肌肉中金属的生长稀释现象在许多研究中得到证实（Rashed，2001；Liu et al.，2018），包括我们对洞庭湖鱼类的研究中，一些鲤科鱼类如鳊、鲤、草鱼等由于其生长速率高，Ni、Zn、Cu 和 Pb 在肌肉中发生了生长稀释（Jiang et al.，2020；Jiang et al.，2022）。Se 和 Sn 浓度随着营养水平的增加而升高，即在营养级上发生了生物放大现象（图 4-7），这取决于鱼类在食物链上摄取和消除的相对

表 4-6 鱼体肌肉中痕量金属浓度与体长（length）、体重（weight）、$\delta^{13}C$ 和 $\delta^{15}N$ 比值、水体（C_W）、悬浮物（C_{SPM}）和沉积物（C_S）中金属浓度的多元线性逐步回归结果

模型	a	b	c	d	e	f	g	h	R^2	P
F-Be = $g*C_{SPM} + h*C_S$	—	—	—	—	—	—	0.0007 (0.046)	0.0008 (0.026)	0.033	0.006
F-V = $a + b*length + e*\delta^{15}N + f*C_W$	0.1542 (0.010)	-0.0002 (0.003)	—	—	-0.0073 (0.010)	0.0195 (0.010)	—	—	0.072	<0.001
F-Cr = $f*C_W + h*C_S$	—	—	—	—	—	1.298 (0.009)	—	0.035 (0.010)	0.08	<0.001
F-Mn = $a + b*length + e*\delta^{15}N + g*C_{SPM}$	2.814 (<0.001)	-0.0038 (<0.001)	—	—	-0.0914 (0.018)	—	0.0020 (0.018)	—	0.097	<0.001
F-Fe = $a + e*\delta^{15}N + f*C_W + h*C_S$	0.0126 (0.006)	—	—	—	-2.927 (0.018)	1.529 (<0.001)	—	0.0010 (0.029)	0.116	<0.001
F-Co = $c*weight + d*\delta^{13}C + e*\delta^{15}N$	—	—	-0.000003 (<0.001)	-0.0052 (0.014)	-0.0055 (<0.001)	—	—	—	0.077	<0.001
F-Ni = $a + b*length + h*C_S$	0.875 (<0.001)	-0.0006 (0.013)	—	—	—	—	—	-0.0151 (<0.001)	0.06	<0.001
F-Cu = $a + b*length + e*\delta^{15}N + f*C_W + h*C_S$	1.9064 (<0.001)	-0.0034 (<0.001)	—	—	-0.0698 (0.003)	0.3433 (<0.001)	—	0.0624 (<0.001)	0.199	<0.001
F-Zn = $a + b*length + e*\delta^{15}N + f*C_W + h*C_S$	1.4762 (<0.001)	-0.0034 (<0.001)	—	—	-0.0713 (0.002)	0.2591 (<0.001)	—	0.0258 (<0.001)	0.197	<0.001
F-As = $a + b*length + e*\delta^{15}N + h*C_S$	1.700 (<0.001)	-0.0032 (<0.001)	—	—	-0.0753 (0.001)	—	—	0.1502 (<0.001)	0.187	<0.001
F-Se = $a + b*length + e*\delta^{15}N + f*C_W + g*C_{SPM} + h*C_S$	3.4600 (<0.001)	-0.0035 (<0.001)	—	—	-0.0612 (0.010)	0.9371 (<0.001)	-3.5713 (<0.001)	-0.1039 (0.034)	0.155	<0.001
F-Mo = $a + f*C_W + g*C_{SPM}$	0.3867 (0.004)	—	—	—	—	0.1153 (<0.001)	-0.3243 (0.043)	—	0.145	<0.001

续表

模型	系数 (p)								R^2	P
	a	b	c	d	e	f	g	h		
F-Cd = $a + b$*length $+ f$*C_W	0.0106 (0.006)	-0.00002 (0.040)	—	—	—	0.2365 (0.022)	—	—	0.027	0.015
F-Sn = c*weight $+ d$*δ^{13}C $+ e$*δ^{15}N $+ g$*C_{SPM}	—	—	0.00004 (0.035)	0.0111 (0.027)	0.0175 (<0.001)	—	0.0292 (<0.001)	—	0.193	<0.001
F-Sb = $a + f$*C_W	0.0651 (<0.001)	—	—	—	—	0.0183 (0.007)	—	—	0.061	<0.001
F-Ba = $a + b$*length $+ e$*δ^{15}N $+ f$*C_W	3.3799 (<0.001)	-0.0063 (<0.001)	—	—	-0.1574 (0.008)	0.0275 (<0.001)	—	—	0.107	<0.001
F-Pb = d*δ^{13}C	—	—	—	-0.0267 (<0.001)	—	—	—	—	0.062	<0.001

注：$a\sim h$ 分别表示其他变量、体长、体重、δ^{13}C、δ^{15}N、C_W、C_{SPM}、C_S 的回归系数；p、P 分别表示回归系数和回归模型的显著性；"—" 表示该变量未进入回归模型；$P<0.05$ 表示结果显著。

速度。在本研究的影响因素中,肌肉中的大多数金属浓度主要跟体长、δ^{15}N、水环境介质中金属浓度(C_W、C_{SPM}、C_S)有关。说明黄河鱼体肌肉中大部分金属浓度及分布主要受鱼类自身营养级和水环境中金属浓度决定。

4.4 黄河鱼类肌肉食用风险评价

黄河鱼类作为水产品为人类提供了丰富的蛋白质来源,因而流域居民对其食用安全风险需要重点关注。本研究中的 Be、As、Cd、Sb、Ba 和 Pb 是有毒元素,而 V、Cr、Mn、Fe、Co、Ni、Cu、Zn、Se、Mo 和 Sn 则是有机体必需元素。通过摄食鱼类肌肉带来的金属健康风险和安全评价见表 4-7。鱼体肌肉中 Fe 的预计每日摄入量(EDI)值最高,对于成人和青少年分别为 11.829 μg/(kg·d) 和 22.259 μg/(kg·d);其次为 Zn,对于成人和青少年分别为 8.052 μg/(kg·d) 和 15.152 μg/(kg·d);Be 的 EDI 值最低,对于成人和青少年分别为 0.0003 μg/(kg·d) 和 0.0006 μg/(kg·d);其余金属 EDI 值均在 0.002 μg/(kg·d)(Cd 对于成人)~ 0.936 μg/(kg·d)(Cr 对于青少年)之间。将以上 17 种痕量金属的预计每日摄入量(EDI)与各自的每日耐受摄入量(TDI)值进行了比较(WHO,2011;Varol et al.,2017),发现所有金属对于成人和青少年的 EDI 值均低于推荐的 TDI 值(表 4-7)。结果表明,从每日摄入耐受量的角度来说,黄河鱼类的食用均不会产生因痕量金属引发的健康风险。

表 4-7 通过摄食鱼类肌肉带来的金属健康风险和安全评价

痕量金属		EDI-成人	EDI-青少年	TDI[a]	RfD[b]	THQ-成人	THQ-青少年	SF[d]	ILCR-成人	ILCR-青少年
有毒元素	Be	0.0003	0.0006	2	2	0.0002	0.0003			
	As	0.053	0.101	2.14	0.3	0.178	0.335	1.5	0.801	1.508
	Cd	0.002	0.004	0.8	1	0.002	0.004	0.38	0.009	0.016
	Sb	0.012	0.022	6	0.4	0.029	0.055			
	Ba	0.462	0.869	210	200	0.002	0.004			
	Pb	0.045	0.084	1.5	1.5[e]	0.030	0.056	0.0085	0.004	0.007
必需元素	V	0.030	0.057	NA	5	0.006	0.011			
	Cr	0.498	0.936	300	1500	0.0003	0.0006	0.5	2.488	4.681
	Mn	0.424	0.797	140	140	0.003	0.006			
	Fe	11.829	22.259	800	700	0.017	0.032			
	Co	0.016	0.029	30	0.3	0.052	0.098			
	Ni	0.082	0.154	12	20	0.004	0.008			
	Cu	0.336	0.632	500	40	0.008	0.016			

续表

痕量金属		EDI-成人	EDI-青少年	TDI[a]	RfD[b]	THQ-成人	THQ-青少年	SF[d]	ILCR-成人	ILCR-青少年
必需元素	Zn	8.052	15.152	300	300	0.027	0.051			
	Se	0.342	0.644	NA	5	0.068	0.129			
	Mo	0.175	0.330	NA	5	0.035	0.066			
	Sn	0.065	0.123	NA	600	0.0001	0.0002			
	HI	—	—	—	—	0.462	0.872			

a. TDE[μg/(kg·d)]推荐值引自 Varol 等（2017）和 WHO（世界卫生组织）（2011）《饮用水质量指南》。
b. RfD$_o$[μg/(kg·d)]引自 USEPA（2019）推荐的元素口服参考剂量。
c. USEPA 规定的元素口服参考剂量对于 Pb 未获取到数据，引自 EFSA（欧洲食品安全局）（2010）。
d. SF（[mg/(kg·d)]$^{-1}$），斜率因子，引自 USEPA（2019）规定的元素口服参考剂量。
注：NA 表示未获取到数据；—表示无数据。ILCR（10^{-4}）表示终生致癌风险。

目标危害系数（THQ）值被用于评价单一金属的非致癌风险，而复合风险指数（HI）值由测定的痕量金属的 THQ 值的加和计算得出，用于评价复合暴露于多种金属下的健康风险（Croteau et al.，2005；Jovic and Stankovic，2014）。THQ 值低于 1 表示接触水平小于参考剂量，每天在这个水平上的摄入不会对人体造成任何不良影响（Yi et al.，2011）。鱼体肌肉中 As 的目标危害系数（THQ）值最高，对于成人和青少年分别为 0.178 和 0.335；其次为 Se，对于成人和青少年分别为 0.068 和 0.129；Sn 的 THQ 值最低，对于成人和青少年分别为 0.0001 和 0.0002；其余金属 THQ 值均在 0.0002（Be 对于成人）~0.098（Co 对于青少年）之间。复合风险指数（HI）值对于成人和青少年分别为 0.462 和 0.872（表 4-7）。本研究中所有金属对于成人和青少年的 THQ 值均小于 1，预示着黄河流域居民通过食用鱼类摄入的单一金属不会对人类健康造成严重的危害。虽然单一金属的 THQ 值均在可接受的范围内，但人类摄入的鱼体肌肉中不仅仅是一种金属，因此有必要考虑所有金属的复合风险指数（HI）值（Keshavarzi et al.，2018）。如果 HI 超过 1，就认为是对人类健康会产生非致癌风险（Javed & Usmani，2016）。本研究中 17 种金属元素总 THQ 值即 HI 对成人和青少年分别为 0.462 和 0.872，预示着食用黄河鱼类对人类健康不会带来非致癌风险。

As、Cd、Pb 和 Cr 均为具有致癌风险的金属元素。鱼体肌肉中 Cr 的终生致癌风险（ILCR）值最高，对于成人和青少年分别为 2.488×10^{-4} 和 4.681×10^{-4}；其次为 As，对于成人和青少年的 ILCR 值分别为 0.801×10^{-4} 和 1.508×10^{-4}；Cd 对于成人和青少年的 ILCR 值分别为 0.009×10^{-4} 和 0.016×10^{-4}；Pb 的 ILCR 值最低，对于成人和青少年分别为 0.004×10^{-4} 和 0.007×10^{-4}（表 4-7）。分区域、分食性对终生致癌风险 ILCR 进行分析发现，除源区所有鱼和上游（甘宁蒙段）腐

屑食性鱼类，其余区域所有食性鱼类肌肉中 Cr 的平均 ILCR 值对于成人和青少年均超过 1×10^{-4} [图 4-10（a）、(b)]；对源区肉食性鱼类和所有区域浮游生物食性鱼类来说，As 的平均 ILCR 值对于成人超过 1×10^{-4}，其余鱼类 ILCR 值均在 $1 \times 10^{-6} \sim 1 \times 10^{-4}$ 之间 [图 4-10（c）]；而对于青少年，4 个区域几乎所有食性鱼类（除中游肉食性鱼类）As 的平均 ILCR 值均高于 1×10^{-4} [图 4-10（d）]；Cd 对于成人的平均 ILCR 值主要在源区腐屑食性、肉食性鱼类、下游浮游生物食性、草食性和杂食性鱼类中高于 1×10^{-6}，但低于 1×10^{-4} [图 4-10（e）]；对于青少年，源区、中、下游几乎所有鱼类（除下游肉食性鱼类）中 Cd 的平均 ILCR 值均高于 1×10^{-6}，但低于 1×10^{-4} [图 4-10（f）]；Pb 仅在源区肉食性鱼类中对于成人的平均 ILCR 值在 $1 \times 10^{-6} \sim 1 \times 10^{-4}$ 之间，其余均低于 1×10^{-6} [图 4-10（g）]；对于青少年，Pb 值仅在源区鱼类中平均 ILCR 值在 $1 \times 10^{-6} \sim 1 \times 10^{-4}$ 之间，其余区域鱼类中 ILCR 值均低于 1×10^{-6} [图 4-10（h）]。

终生致癌风险（ILCR）值是根据美国环境保护署（USEPA，2019）推荐的斜率因子计算得出的。ILCR $< 1.0 \times 10^{-6}$ 时，预示着无致癌风险；ILCR 值在 $1.0 \times 10^{-6} \sim 1.0 \times 10^{-4}$ 之间时，致癌风险在可以接受范围内；ILCR $> 1.0 \times 10^{-4}$，表明有较显著的致癌风险（USEPA，2012；Jia et al.，2018）。As、Cd、Pb 和 Cr 均为具有致癌风险的金属元素，除源区外，其余区域大部分鱼类肌肉中 Cr 对于成人和青少年、As 对于青少年的 ILCR 均大于 1.0×10^{-4}，说明人类食用鱼肌肉可能会带来因 Cr 产生显著的致癌风险，青少年还会因 As 产生风险。同时 Cd 对于青少年的 ILCR 值在 $1.0 \times 10^{-6} \sim 1.0 \times 10^{-4}$ 之间，预示着也可能会产生致癌风险，但是在可接受范围内（表 4-7）。进一步分区域、分食性对 ILCR 分析可知，源区鱼类食用带来的致癌风险相对较小，营养级较高的肉食性鱼类的食用带来的致癌风险会相对较高。Pb 在源区肉食性鱼类中对于成人的平均 ILCR 值在 $1 \times 10^{-6} \sim 1 \times 10^{-4}$ 之间 [图 4-10（g）]；对于青少年，Pb 值在源区鱼类中平均 ILCR 值在 $1 \times 10^{-6} \sim 1 \times 10^{-4}$ 之间，说明也会产生潜在的风险。整体而言，青少年食鱼带来的致癌风险水平要高于成人，引起致癌风险的金属主要为 Cr 和 As，Cd 和 Pb 也会有一定的潜在风险，但是在可接受范围内。需指出的是，由于以上结果均只考虑了单一金属带来的致癌风险。然而，以上金属一般可能是复合存在的，其最终带来的潜在风险可能会更大，需要我们加以关注（Cao et al.，2017；Aendo et al.，2019）。或许可以调整流域居民饮食结构或适当减少摄入量等措施来预防或减缓通过水产品摄入带来的金属致癌风险。

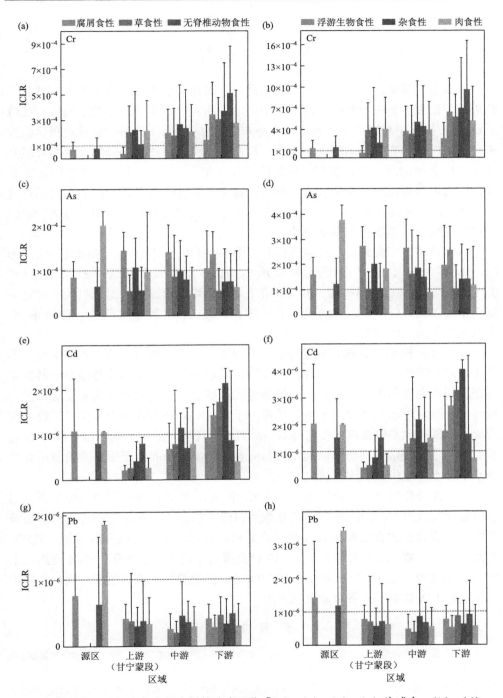

图 4-10 黄河鱼体肌肉中痕量金属的致癌风险 [（a）、（c）、（e）、（g）为成人；（b）、（d）、（f）、（h）为青少年]

4.5 小　　结

本章主要从黄河源区至入海口大空间尺度对鱼类金属富集特征和人类健康风险进行了研究。首先分析了黄河干流不同区域和食性鱼类碳、氮稳定同位素比值 δ^{13}C 和 δ^{15}N 水平和肌肉中金属浓度及分布。其次，分析了区域和食性对鱼体肌肉中金属浓度与分布差异的影响和贡献。再次，结合鱼体肌肉中金属浓度与环境介质中对应金属的相关性，肌肉中金属浓度和 δ^{13}C、δ^{15}N、体长、体重之间的关系探讨肌肉中金属浓度的决定因素。最后，通过每日耐受摄入量（TDI）、目标危害系数（THQ）和终生致癌风险（ILCR）评价了流域居民食用黄河鱼类带来的非致癌和致癌风险，主要得到以下结论：

（1）从整个干流来看，黄河鱼体肌肉中 Fe 和 Zn 浓度最高，紧随其后依次为 Cr、Ba 和 Mn，且浓度之间无显著差异（$p>0.05$），但均显著低于 Zn 浓度（$p<0.05$）。Zn、Pb、Cd、As、Cu 和 Cr 等平均浓度均低于国内外组织机构所规定的安全浓度限值，Cu、Cd 和 Pb 与长江、湘江、珠江鱼类的浓度相当，但 Cr 和 As 浓度则是黄河鱼体中较高。

（2）黄河鱼类对金属的富集是个复杂的综合过程，栖息环境中本底浓度、不同生长发育阶段、营养水平、食性和食物组成以及食物网结构等都会影响其富集特征。不同食性鱼类肌肉中大部分痕量金属浓度至少在两种食性间有显著差异。Mn、Co、Cu 等在鱼体发生了生长稀释，而 Se 和 Sn 在营养级上发生了生物放大现象。肌肉中大多数金属浓度与体长、δ^{15}N、水环境介质中金属浓度（C_W、C_{SPM} 和 C_S）有关，说明黄河鱼体肌肉中大部分金属浓度及分布主要受鱼类自身所处营养水平和水环境中金属浓度决定。

（3）终身致癌风险评价发现，对于 Cr 和 As，除源区外，其余区域鱼类食用会引起致癌风险，Cd 和 Pb 也有潜在致癌风险，但是在可接受范围内，营养级较高的肉食性鱼类的食用带来的致癌风险会相对较高。从每日摄入耐受量（TDI）和复合风险指数（HI）的角度来说，17 种金属对于成人和青少年的 EDI 值均低于推荐的 TDI 值，且 HI 分别为 0.462 和 0.872，预示着对于所有痕量金属，食用黄河鱼类对人类健康不会带来非致癌风险。

参 考 文 献

国家食品药品监督管理总局. 2017. 食品安全国家标准　食品中污染物限量（GB 2762—2017）. 北京：中国标准出版社.

蓝小龙, 宁增平, 肖青相, 等. 2018. 广西龙江沉积物重金属污染现状及生物有效性. 环境科学, 39（2）: 748-757.

李林春. 2015. 中国鱼类图鉴. 太原: 山西科学技术出版社.

刘长发, 陶澍, 龙爱民. 2001. 金鱼对铅和镉的吸收蓄积. 水生生物学报, 4: 344-349.

Aendo P, Thongyuan S, Songserm T, et al. 2019. Carcinogenic and non-carcinogenic risk assessment of heavy metals contamination in duck eggs and meat as a warning scenario in Thailand. Science of the Total Environment, 689: 215-222.

Ali H, Khan E. 2019. Trophic transfer, bioaccumulation, and biomagnification of non-essential hazardous heavy metals and metalloids in food chains/webs: Concepts and implications for wildlife and human health. Human and Ecological Risk Assessment: An International Journal, 25 (6): 1353-1376.

Bhuiyan M A H, Dampare S B, Islam M A, et al. 2014. Source apportionment and pollution evaluation of heavy metals in water and sediments of Buriganga River, Bangladesh, using multivariate analysis and pollution evaluation indices. Environmental Monitoring and Assessment, 187: 1-21.

Bonsignore M, Manta D S, Mirto S, et al. 2018. Bioaccumulation of heavy metals in fish, crustaceans, molluscs and echinoderms from the Tuscany coast. Ecotoxicology and Environmental Safety, 162: 554-562.

Borgå K, Kidd K A, Muir D C G, et al. 2012. Trophic magnification factors: Considerations of ecology, ecosystems, and study design. Integrated Environmental Assessment and Management, 8 (1): 64-84.

Briand M J, Bustamante P, Bonnet, et al. 2018. Tracking trace elements into complex coral reef trophic networks. Science of the Total Environment, 612: 1091-1104.

Canli M, Atli G. 2003. The relationships between heavy metal (Cd, Cr, Cu, Fe, Pb, Zn) levels and the size of six Mediterranean fish species. Environmental Pollution, 121: 129-136.

Cao S Z, Duan X L, Ma Y Q, et al. 2017. Health benefit from decreasing exposure to heavy metals and metalloid after strict pollution control measures near a typical river basin area in China. Chemosphere, 184: 866-878.

Croteau M N, Luoma S N, Stewart A R. 2005. Trophic transfer of metals along freshwater food webs: Evidence of cadmium biomagnification in nature. Limnology Oceanography, 50 (5): 1511-1519.

Dauvalter V A, Kashulin N A, Lehto J, et al. 2009. Chalcophile elements Hg, Cd, Pb, As in Lake Umbozero, Murmansk Region, Russia. International Journal of Environmental Research, 3: 411-428.

de Castro Rodrigues A P, Carvalheira R G, Cesar R G, et al. 2010. Mercury bioaccumulation in distinct tropical fish species from estuarine ecosystems in Rio de Janeiro State, Brazil. Anuário do Instituto de Geociências, 33 (1): 54-62.

EC (European Commission). 2006. Commission Regulation No 1881/2006 of 19 December 2006. Setting maximum levels for certain contaminants in foodstuffs. Official Journal of the European Union. https://eur-lex.europa.eu/Lex UriServ/LexUriServ.do?uri=CONSLEG:2006R1881:20100701:EN:PDF.

EFSA (European Food Safety Authority). 2010. European Food Safety Authority Panel on Contaminants in the Food Chain (CONTAM). Scientific Opinion on Arsenic in Food, EFSA Journal, 7: 1351-1355.

FAO/WHO (Food and Agriculture Organization/World Health Organization). 1998. The Application of Risk Communication to Food Standards and Safety Matters. Food and Agriculture Organization of the United Nations.

Jain C K, Gupta H, Chakrapani G J. 2008. Enrichment and fractionation of heavy metals in bed sediments of River Narmada, India. Environmental Monitoring and Assessment, 141 (1): 35-47.

Jara-Marini M E, Soto-Jimenez M F, Paez-Osuna F. 2009. Trophic relationships and transference of cadmium, copper, lead and zinc in a subtropical coastal lagoon food web from SE Gulf of California. Chemosphere, 77 (10): 1366-1373.

Jardine L, Burt M, Arp P, et al. 2009. Mercury comparisons between farmed and wild Atlantic salmon (*Salmo salar* L.) and Atlantic cod (*Gadus morhua* L.). Aquaculture Research, 40 (10): 1148-1159.

Javed M, Usmani N. 2016. Accumulation of heavy metals and human health risk assessment via the consumption of freshwater fish *Mastacembelus armatus* inhabiting, thermal power plant effluent loaded canal. SpringerPlus, 5 (1): 1-8.

Jia Y Y, Wang L, Cao J F, et al. 2018. Trace elements in four freshwater fish from a mine-impacted river: Spatial distribution, species-specific accumulation, and risk assessment. Environmental Science and Pollution Research, 25: 8861-8870.

Jia Z M, Li S Y, Wang L. 2018. Assessment of soil heavy metals for eco-environment and human health in a rapidly urbanization area of the upper Yangtze Basin. Scientific Reports, 8 (1): 1-14.

Jiang X M, Wang J, Pan B Z, et al. 2022. Assessment of heavy metal accumulation in freshwater fish of Dongting Lake, China: Effects of feeding habits, habitat preferences and body size. Journal of Environmental Sciences, 112: 355-365.

Jiang Z G, Dai B G, Wang C, et al. 2020. Multifaceted biodiversity measurements reveal incongruent conservation priorities for rivers in the upper reach and lakes in the middle-lower reach of the largest river-floodplain ecosystem in China. Science of the Total Environment, 739: 140380.

Jiang Z G, Xu N, Liu B X, et al. 2018. Metal concentrations and risk assessment in water, sediment and economic fish species with various habitat preferences and trophic guilds from Lake Caizi, Southeast China. Ecotoxicology and Environmental Safety, 157: 1-8.

Jovic M, Stankovic S. 2014. Human exposure to trace metals and possible public health risks via consumption of mussels *Mytilus galloprovincialis* from the Adriatic coastal area. Food and Chemical Toxicology, 70: 241-251.

Keshavarzi B, Hassanaghaei M, Moore F, et al. 2018. Heavy metal contamination and health risk assessment in three commercial fish species in the Persian Gulf. Marine Pollution Bulletin, 129 (1): 245-252.

Kuhn D E, O'Brien K M, Crockett E L. 2016. Expansion of capacities for iron transport and sequestration reflects plasma volumes and heart mass among white-blooded notothenioid fishes. American Journal of physiology. Regulatory, Integrative and Comparative Physiology, 311 (4): R649-R657.

Kumar V, Sinha A K, Rodrigues P P, et al. 2015. Linking environmental heavy metal concentrations and salinity gradients with metal accumulation and their effects: A case study in 3 mussel species of Vitória estuary and Espírito Santo bay, Southeast Brazil. Science of the Total Environment, 523: 1-15.

Leung H M, Leung A O W, Wang H S, et al. 2014. Assessment of heavy metals/metalloid (As, Pb, Cd, Ni, Zn, Cr, Cu, Mn) concentrations in edible fish species tissue in the Pearl river delta (PRD), China. Marine Pollution Bulletin, 78 (1-2): 235-245.

Liu H Q, Liu G J, Wang S S, et al. 2018. Distribution of heavy metals, stable isotope ratios (δ^{13}C and δ^{15}N) and risk assessment of fish from the Yellow River Estuary, China. Chemosphere, 208: 731-739.

Liu J H, Cao L, Dou S Z, et al. 2019. Trophic transfer, biomagnification and risk assessments of four common heavy metals in the food web of Laizhou Bay, the Bohai Sea. Science of the Total Environment, 670: 508-522.

McGeer J C, Brix K V, Skeaff J M, et al. 2003. Inverse relationship between bioconcentration factor and exposure concentration for metals: Implications for hazard assessment of metals in the aquatic environment. Environmental Toxicology and Chemistry, 22 (5): 1017-1037.

Mendoza-Carranza M, Sepúlveda-Lozada A, Dias-Ferreira C, et al. 2016. Distribution and bioconcentration of heavy metals in a tropical aquatic food web: A case study of a tropical estuarine lagoon in SE Mexico. Environmental Pollution, 210: 155-165.

Miao X Y, Hao Y P, Tang X, et al. 2020. Analysis and health risk assessment of toxic and essential elements of the wild fish caught by anglers in Liuzhou as a large industrial city of China. Chemosphere, 243: 125337.

Muttray A F, Muir D C, Tetreault G R, et al. 2021. Spatial trends and temporal declines in tissue metals/metalloids in the context of wild fish health at the St. Clair River Area of Concern. Journal of Great Lakes Research, 47 (3): 900-915.

Rajeshkumar S, Liu Y, Zhang X Y, et al. 2018. Studies on seasonal pollution of heavy metals in water, sediment, fish and oyster from the Meiliang Bay of Taihu Lake in China. Chemosphere, 191: 626-638.

Rashed M N. 2001. Monitoring of environmental heavy metals in fish from Nasser Lake. Environment International, 27 (1): 27-33.

Ribeiro C A O, Vollaire, Y, Sanchez-Chardi A, et al. 2005. Bioaccumulation and the effects of organochlorine pesticides, PAH and heavy metals in the Eel (*Anguilla anguilla*) at the Camargue Nature Reserve, France. Aquatic Toxicology, 74 (1): 53-69.

Rinklebe J, Antoniadis V, Shaheen S M, et al. 2019. Health risk assessment of potentially toxic elements in soils along the Central Elbe River, Germany. Environment International, 126: 76-88.

Setia R, Dhaliwal S S, Kumar V, et al. 2020. Impact assessment of metal contamination in surface water of Sutlej River (India) on human health risks. Environmental Pollution, 265: 114907.

Sun T, Wu H F, Wang X Q, et al. 2020. Evaluation on the biomagnification or biodilution of trace metals in global marine food webs by meta-analysis. Environmental Pollution, 264: 113856.

Tokatli C, Ustaoğlu F. 2020. Health risk assessment of toxicants in Meriç river delta wetland, thrace region, Turkey. Environmental Earth Sciences, 79 (18): 1-12.

USEPA (U.S. Environmental Protection Agency). 2012. Drinking Water Standards and Health Advisories. Washington, DC: U.S. EPA. http://news.caloosahatchee.org/docs/EPA_Health_Advisories_2012_171002.pdf.

USEPA (U.S. Environmental Protection Agency). 2019. Regional Screening Levels (RSLs): Generic Tables (Summary Table). Washington, DC: U.S. EPA. https://www.epa.gov/risk/regional-screening-levels-rsls-generic-tables.

Vallee B L, Falchuk K H. 1993. The biochemical basis of zinc physiology. Physiological Reviews, 73 (1): 79-118.

Varol M, Kaya G K, Alp A. 2017. Heavy metal and arsenic concentrations in rainbow trout (*Oncorhynchus mykiss*) farmed in a dam reservoir on the Firat (Euphrates) River: Risk-based consumption advisories. Science of the Total Environment, 599: 1288-1296.

Varol M, Kaya G K, Alp A. 2017. Heavy metal and arsenic concentrations in rainbow trout (*Oncorhynchus mykiss*) farmed in a dam reservoir on the Firat (Euphrates) River: Risk-based consumption advisories. Science of the Total Environment, 599: 1288-1296.

Vergani L. 2015. Metallothioneins in Aquatic Organisms: Fish, Crustaceans, Molluscs, and Echinoderms. *In*: Sigel A, Sigel H, Sigel R K. Metallothioneins and Related Chelators. Berlin/Munich/Boston: Walter de Gruyter GmbH, 199-237.

Vieira T C, Rodrigues A P D C, Amaral P M, et al. 2020. Evaluation of the bioaccumulation kinetics of toxic metals in fish (*A. brasiliensis*) and its application on monitoring of coastal ecosystems. Marine Pollution Bulletin, 151: 110830.

WHO (World Health Organization). 2011. Guidelines for Drinking-Water Quality. 4th edition. Geneva, Switzerland: World Health Organization. https://www.who.int/publications/i/item/9789241548151.

Wu N, Liu S M, Zhang G L, et al. 2021. Anthropogenic impacts on nutrient variability in the lower Yellow River. Science of the Total Environment, 755: 142488.

Xiao H, Shahab A, Xi B D, et al. 2021. Heavy metal pollution, ecological risk, spatial distribution, and source identification in sediments of the Lijiang River, China. Environmental Pollution, 269: 116189.

Xu C X, Yan H L, Zhang S Q. 2021. Heavy metal enrichment and health risk assessment of karst cave fish in Libo, Guizhou, China. Alexandria Engineering Journal, 60 (1): 1885-1896.

Yi Y J, Tang C H, Yi T C, et al. 2017. Health risk assessment of heavy metals in fish and accumulation patterns in food web in the upper Yangtze River, China. Ecotoxicology and Environmental Safety, 145: 295-302.

Yi Y J, Yang Z F, Zhang S H. 2011. Ecological risk assessment of heavy metals in sediment and human health risk assessment of heavy metals in fishes in the middle and lower reaches of the Yangtze River Basin. Environmental Pollution, 159 (10): 2575-2585.

Yi Y J, Zhang S H. 2012. Heavy metal (Cd, Cr, Cu, Hg, Pb, Zn) concentrations in seven fish species in relation to fish size and location along the Yangtze River. Environmental Science and Pollution Research, 19 (9): 3989-3996.

第 5 章　黄河鱼类中痕量金属生物富集的组织特异性

河流作为一个承载着陆源物质向海洋输送的开放连续体，是陆地和海洋生态系统连接的纽带和通道（Zhang et al.，2019）。河流系统本身也具有促进自然水循环、提供饮用水和灌溉用水、水产品供应等一系列生态服务功能（Grizetti et al.，2018；Böck et al.，2018）。然而，近几十年来，随着人口增加、工农业进程的加快，大量废水和生活污水携带包括痕量金属在内的各种污染物质进入河流（Sun et al.，2017；Zhang et al.，2017）。大多痕量金属，尤其是重金属，进入河流系统后因其毒性和不可降解性，可能会造成一系列水环境问题和生态风险（Chowdhury et al.，2016；Zhang et al.，2017）。

痕量金属在水环境中主要以溶解态、悬浮态、沉积态及生物态（生物体内富集）存在。大量金属进入水体后，大部分会被泥沙等悬浮颗粒物吸收、沉积，后续部分会经过泥沙再悬浮释放进入水体造成二次污染，另外一些会随着泥沙淤积而再沉积（Zhang et al.，2017）。已有研究指出水生态系统中 90%以上的重金属负荷与悬浮颗粒物和沉积物有关（Zheng et al.，2008；Amin et al.，2009）。痕量金属，尤其是重金属，它们在环境中不易降解，只能在不同介质中进行迁移转化及形态间的相互转化（Li et al.，2020）。还有一部分金属在水体、悬浮物中被水生生物通过吸附、摄入等方式对其进行生物富集。

鱼类在水生态系统中具有较高的营养级，其对水环境中痕量金属的富集过程会受到诸多因素的影响（Järv et al.，2013）。由于不同组织对痕量金属代谢作用和机制的不同而呈现出一定的组织功能富集特异性（Jayaprakash et al.，2015）。从痕量金属的特性和鱼类的栖息环境来说，鱼体所必需的元素如 Fe、Zn、Cu 和 Cr 等，它们参与鱼体的一些代谢活动，容易被鱼体主动吸收，往往呈现出较高的富集量（McGeer et al.，2003）。鱼类对痕量金属的富集差异还会受到自身的生存环境条件的影响，如栖息地中金属浓度、暴露和持续时间及生物可利用度等。当然，除了从环境中富集，鱼、虾等水生生物还能够通过主动调节、储存或两者结合的方式来调节体内痕量金属浓度（White & Rainbow，1982；McGeer et al.，2003）。

黄河作为中国西北和华北地区重要的淡水资源，其水污染和水安全一直受到公众的关注。先前研究发现，上游甘宁蒙段水体中 Mn、Cu 和 Pb 含量因人类活动而超出了标准限值（Zuo et al.，2016）。中、下游部分金属元素如 As 和 Hg 等在部分河段均存在超标现象（李华栋等，2019）。研究指出进入水体的痕量金属在水中仅少量存留，较大部分会被悬浮颗粒物吸附，进一步进入到沉积物中（Bhosale & Sahu, 1991; Malvandi, 2017）。而沉积物的再悬浮和解吸反应又会使得大量痕量金属元素再次释放到水体中（Ip et al., 2005）。因此，对于黄河这样典型的高悬浮泥沙河流，具有较大比表面积的悬浮泥沙颗粒物和沉积物往往成为水体中痕量污染物的主要载体，其沉降、吸附，再悬浮使污染物释放等作用影响着污染物在水体中的迁移、转化和生物有效性等，其对整个水生态系统的影响不可忽视（Dong et al., 2013; Zhang et al., 2014）。而对于黄河鱼类痕量金属元素富集方面的研究主要集中在部分河段、有限鱼种以及单一环境介质（尤其缺乏从悬浮物中的金属富集）方面，如黄河上游兰州段黄河高原鳅和黄河鮈肝脏中 Cu 和 Pb，肾脏中 Pb 和 Cd 含量相对较高（Wang et al., 2010b）；包头段鲤鱼、鲫鱼、团头鲂等主要经济鱼类中 Pb 和 Zn 在非肌肉部分有高的富集量，应该尽可能地选择肌肉供人类食用以规避健康风险（Lü et al., 2011）。因而有必要从整个干流尺度上结合黄河高悬浮泥沙特性，研究鱼类从多相环境介质中富集痕量金属元素的组织特异性。

本章选取黄河干流 27 个河段中水体、悬浮物、沉积物和鱼类组织（肌肉、鳃、肝脏和性腺）样品，分析鱼类组织对水环境介质中痕量金属富集差异。其主要目的是：①确定靶向部位和优先富集元素，比较不同空间、食性下生物富集的组织差异；②探讨各组织从高悬浮泥泥沙河流的不同环境介质中富集痕量金属的特征及影响因素。研究的结果可以拓展我们对高含沙河流中流鱼类对多相介质中痕量金属生物富集的组织特异性的理解。

5.1 鱼体组织对痕量金属的富集特征

5.1.1 鱼体组织中痕量金属浓度

Be 在鱼体各组织中的平均浓度均最低，均值为（0.002±0.005）mg/kg 干重；Zn、Fe 浓度相对较高，均值分别达到 199 mg/kg（性腺，干重）和 849 mg/kg（肝脏，干重）。Co、As、Cd、Sn、Sb 和 Pb 在鱼体中的浓度较低，各组织中浓度均在 1 mg/kg 以下；Cr 和 Se 在各组织中的浓度均在 1～5 mg/kg 之间；Mn 和 Ba 浓度除在鳃中的浓度分别为 22.1 mg/kg、46.1 mg/kg，其他组织中的浓度均在 1～10 mg/kg 之间。Fe 和 Zn 在鳃、肝脏和性腺中的浓度均显著高于肌肉（$p<0.05$），也显著高于其他金属浓度。痕量金属从环境中进入鱼体产生生物富集的过程会受到诸多因素的影响（Järv et al., 2013）。从金属元素的特性和鱼类自身的生活特点来说，鱼类对金属的富集也会呈现一定的特异性。对于鱼体所必需的元素如 Fe、Zn、Cu、Cr 等来说，它们参与鱼体的一些代谢活动，容易被鱼体主动吸收，呈现出较高的富集量（McGeer et al., 2003）。对于鱼类来说，Fe 对机体血红素结合蛋

白、血红蛋白和肌红蛋白生物活性的发挥至关重要（Kuhn et al.，2016）；同时，作为一些过氧化物酶（如过氧化氢酶）的一部分（Beard et al.，1996），在氧化还原和线粒体细胞呼吸过程中也起着重要作用（Hirst，2013）。因而，鱼体鳃和肝脏等器官中 Fe 的含量相对较高（图 5-1 和图 5-2）。Zn 作为机体中众多酶（如碳酸酐酶、铁蛋白和黄素铁酶等）的重要组成部分，其在鱼体中的富集能力排序是鳃＞肝脏＞肌肉（Osredkar & Sustar，2011）。在低污染状况下，Cu 在鱼体的富集会影响到其他必需金属元素（如 Fe）在肝脏中的重新分布，本研究中也发现，鱼类肌肉和性腺中的 Fe 和 Cu 都有显著相关性［参见图 5-8（a）、（d）］；在保护功能调动和造血功能增强阶段，Cu 富集量下降，而在贫血供应阶段，Cu 富集量呈增加趋势（Gashkina，2017）。黄河鱼体组织中必需金属元素 Mn、Fe、Cu 和 Zn 含量较高，与以往对相对较清洁河流中水生生物的研究结果一致（Yi et al.，2017；Töre et al.，2021）。

总体而言，大多数痕量金属在鳃和肝脏中的浓度最高，其次是性腺，在肌肉中浓度最低。其中，鳃和肝脏中的浓度分别为肌肉的 1.6（Cr）～14.3（Ba）倍和 1.3（Fe）～11.5（Cd）倍。Ba 在鳃中浓度是其他组织中的 7.0（肝脏）～14.3（肌肉）倍，而 Mn 在鳃与肌肉中浓度比也达到了 11.2。

5.1.2　鱼体内痕量金属生物富集的组织差异

从整个鱼类组织来看，黄河鱼体痕量金属在组织中表现出较大的差异性。Be 和 Sb 在各组织之间浓度均无显著差异（$p>0.05$），而 Co 浓度在四个组织中的均值排序为鳃＞肝脏＞性腺＞肌肉，且 4 个组织之间存在显著差异（$p<0.05$）。V、Ni 和 Pb 浓度均值排序为鳃＞肝脏＞性腺，且组织之间差异显著（$p<0.05$），但性腺和肌肉中浓度无显著差异（$p>0.05$）；Cr 和 Mn 浓度在鳃中最高且显著高于性腺，肌肉中最低且显著低于肝脏，但性腺和肝脏中浓度无显著差异（$p>0.05$）；Fe 则是肝脏＞鳃＞性腺，3 个组织之间差异显著（$p<0.05$），但性腺和肌肉中浓度无显著差异（$p>0.05$）；Cu 浓度在肝脏中显著高于肌肉，其他组织之间无显著差异；As 浓度在性腺中最高且显著高于肝脏，在肌肉中最低且显著低于鳃，但鳃和肝脏差异不显著（$p>0.05$）；Se 浓度肝脏＞性腺＞鳃，3 个组织之间差异显著（$p<0.05$），但鳃和肌肉中浓度无显著差异（$p>0.05$）；Mo、Cd 和 Sn 浓度在肌肉、鳃和性腺之间无显著差异，但均显著低于肝脏（$p<0.05$）；Zn 浓度在肌肉中浓度显著低于鳃、肝脏和性腺，但这 3 个组织之间无显著差异，而 Ba 则是在鳃中浓度显著高于其他 3 个组织（$p<0.05$），但 3 个组织间也无显著差异（$p>0.05$）。

从空间上来看，Se、Mo 和 Ba 在上、中、下游，V 和 Ni 在上游和下游，Cd 在中游和下游组织中浓度分布趋势（以器官中浓度差异显著性为标准）一致，其他金属在组织中浓度分布趋势具有一定的空间差异(图 5-1)。如 Co 在上游四个组织中的均值排序为鳃>肝脏>性腺>肌肉,且 4 个组织之间存在显著差异($p<0.05$),而中游鳃和性腺、下游肝脏和性腺中浓度均无显著差异($p>0.05$)。从食性上来看,V 和 Co 在杂食性和肉食性鱼类组织中浓度分布趋势一致;Ni 和 Mo 在草食性、无脊椎动物食性和肉食性鱼类组织中浓度分布具有一致性;Cd 在杂食性和肉食性、Ba 在草食性和肉食性、Pb 在草食性和无脊椎动物食性鱼类组织中浓度分布趋势一致。部分金属在不同食性鱼类组织中的分布趋势存在差异,如 Pb 在杂食性鱼类组织中鳃和肝脏中浓度显著高于肌肉和性腺,而在肉食性鱼类组织中肝脏和性腺中浓度无显著差异($p>0.05$)(图 5-2)。NMDS 和 ANOSIM 结果显示,金属浓度在上、中、下游和草食性、杂食性、无脊椎动物食性、肉食性鱼类 4 个组织中都有显著差异($p<0.05$)(图 5-3 和表 5-1)。整体来看,Ba 为鳃的优先富集元素,Zn、Fe 为肝脏和性腺优先富集元素,Cr 则在肌肉当中优先富集(图 5-3)。

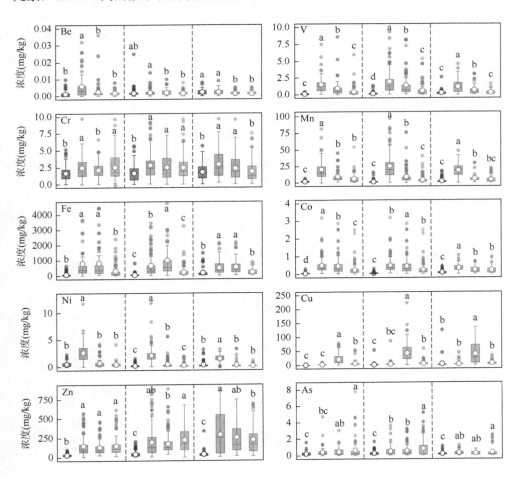

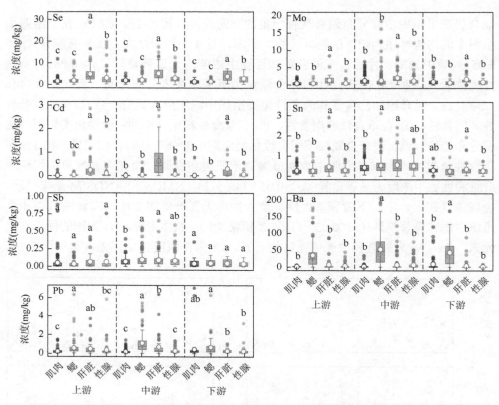

图 5-1　黄河不同区域鱼类组织中痕量金属浓度（箱形图上方不同小写字母表示在 0.05 水平有显著差异）

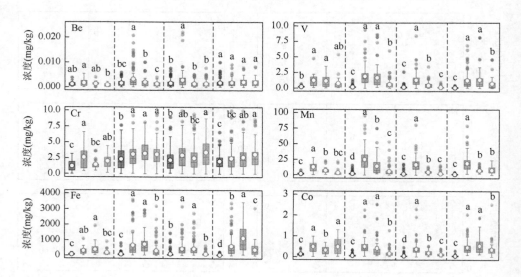

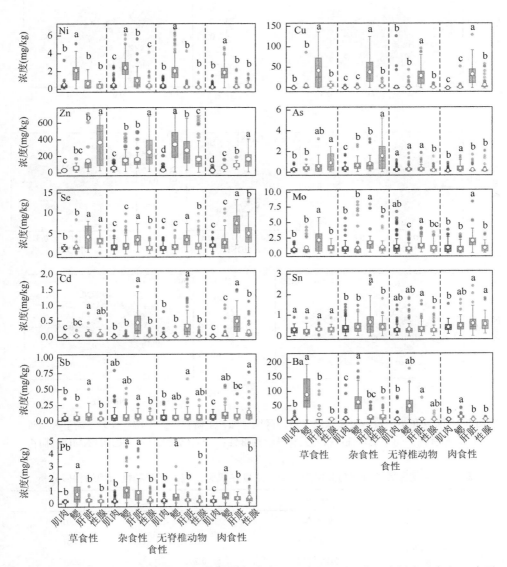

图 5-2 黄河不同食性鱼类组织中痕量金属浓度(箱形图上方不同小写字母表示在 0.05 水平有显著差异)

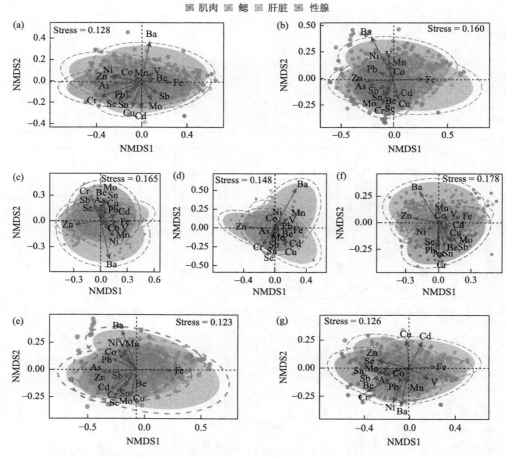

图 5-3 黄河鱼类中痕量金属浓度在不同区域 [（a）上游；（b）中游；（c）下游] 和食性 [（d）草食性；（e）杂食性；（f）无脊椎动物食性；（g）肉食性] 组织上的 NMDS 排序

表 5-1 不同区域和食性鱼类中痕量金属浓度在肌肉、鳃、肝脏和性腺间的相似分析

	组间	R	p
上游（a）	肌肉-鳃	0.598	0.001
	肌肉-肝脏	0.524	0.001
	肌肉-性腺	0.297	0.001
	鳃-肝脏	0.060	0.001
	鳃-性腺	0.194	0.001
	肝脏-性腺	0.134	0.001
中游（b）	肌肉-鳃	0.721	0.001
	肌肉-肝脏	0.804	0.001

续表

	组间	R	p
中游（b）	肌肉-性腺	0.532	0.001
	鳃-肝脏	0.121	0.001
	鳃-性腺	0.165	0.001
	肝脏-性腺	0.249	0.001
下游（c）	肌肉-鳃	0.377	0.001
	肌肉-肝脏	0.443	0.001
	肌肉-性腺	0.191	0.001
	鳃-肝脏	0.069	0.001
	鳃-性腺	0.157	0.001
	肝脏-性腺	0.136	0.001
草食性（d）	肌肉-鳃	0.372	0.001
	肌肉-肝脏	0.337	0.001
	肌肉-性腺	0.322	0.001
	鳃-肝脏	0.069	0.022
	鳃-性腺	0.323	0.001
	肝脏-性腺	0.168	0.002
杂食性（e）	肌肉-鳃	0.563	0.001
	肌肉-肝脏	0.600	0.001
	肌肉-性腺	0.390	0.001
	鳃-肝脏	0.102	0.001
	鳃-性腺	0.168	0.001
	肝脏-性腺	0.182	0.001
无脊椎动物食性（f）	肌肉-鳃	0.735	0.001
	肌肉-肝脏	0.699	0.001
	肌肉-性腺	0.334	0.001
	鳃-肝脏	0.130	0.001
	鳃-性腺	0.464	0.001
	肝脏-性腺	0.358	0.001
肉食性（g）	肌肉-鳃	0.660	0.001
	肌肉-肝脏	0.831	0.001
	肌肉-性腺	0.705	0.001
	鳃-肝脏	0.118	0.001
	鳃-性腺	0.120	0.001
	肝脏-性腺	0.201	0.001

进一步分别对 4 个组织中金属在不同空间和食性鱼类中分布差异进行分析发现，上、中、下游鱼类肌肉中金属浓度分布差异显著（$p<0.01$）；对于鳃中金属浓度分布来说，其在上、下游之间差异显著，肝脏中金属浓度是上游与中游、上游与下游之间有显著差异，而性腺中金属浓度在上游与中游、中游与下游之间差异显著（$p<0.05$）（图 5-4 和表 5-2）。4 种食性鱼类鳃中金属浓度分布也有显著的差异性（$p<0.05$）；肝脏和性腺中金属浓度分布均是草食性与杂食性鱼类之间无显著差异（$p>0.05$），其他食性之间有显著差异（$p<0.05$），而肌肉中金属浓度分布是在草食性与无脊椎动物食性鱼类、无脊椎动物食性与肉食性鱼类之间无显著差异（$p>0.05$）（图 5-4 和表 5-2）。整体而言，鱼类金属浓度分布在组织间的差异要明显高于空间、食性上的差异。

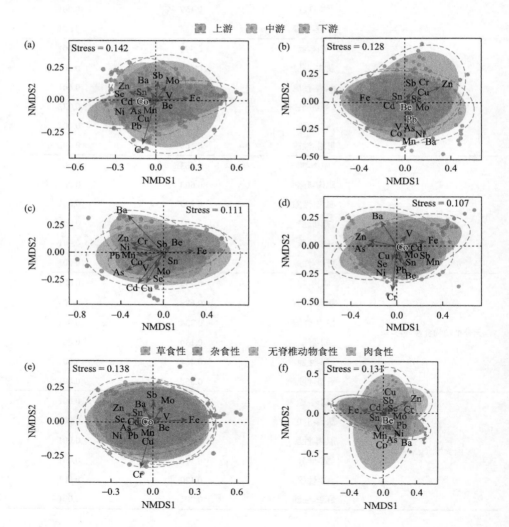

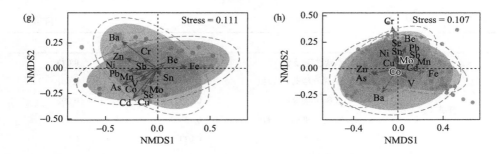

图 5-4　黄河鱼类不同组织 [（a）、（e）: 肌肉；（b）、（f）鳃；（c）、（g）肝脏；（d）、（h）性腺] 中痕量金属浓度在区域和食性上的 NMDS 排序

表 5-2　鱼类不同组织中痕量金属浓度在区域和食性间的相似性分析

	组间	R	p
肌肉（a）	上游-中游	0.088	0.001
	上游-下游	0.106	0.001
	中游-下游	0.226	0.001
鳃（b）	上游-中游	−0.005	0.596
	上游-下游	0.091	0.001
	中游-下游	0.050	0.055
肝脏（c）	上游-中游	0.059	0.002
	上游-下游	0.079	0.002
	中游-下游	0.024	0.187
性腺（d）	上游-中游	0.071	0.001
	上游-下游	0.018	0.173
	中游-下游	0.053	0.043
肌肉（e）	草食性-杂食性	0.224	0.003
	草食性-无脊椎动物食性	0.076	0.122
	草食性-肉食性	0.135	0.008
	杂食性-无脊椎动物食性	0.121	0.001
	杂食性-肉食性	0.190	0.001
	无脊椎动物食性-肉食性	−0.005	0.598
鳃（f）	草食性-杂食性	0.141	0.025
	草食性-无脊椎动物食性	0.423	0.001
	草食性-肉食性	0.186	0.003
	杂食性-无脊椎动物食性	0.182	0.001
	杂食性-肉食性	0.118	0.001
	无脊椎动物食性-肉食性	0.370	0.001

续表

组间		R	p
肝脏（g）	草食性-杂食性	**0.094**	**0.073**
	草食性-无脊椎动物食性	0.234	0.001
	草食性-肉食性	0.209	0.002
	杂食性-无脊椎动物食性	0.130	0.001
	杂食性-肉食性	0.023	0.036
	无脊椎动物食性-肉食性	0.259	0.001
性腺（h）	草食性-杂食性	**0.035**	**0.252**
	草食性-无脊椎动物食性	0.353	0.001
	草食性-肉食性	0.267	0.001
	杂食性-无脊椎动物食性	0.163	0.001
	杂食性-肉食性	0.057	0.001
	无脊椎动物食性-肉食性	0.194	0.001

注：$p>0.05$ 的组加粗显示。

5.2 鱼体组织对痕量金属富集的影响因素

5.2.1 生物富集系数

Cr、Zn 和 Sn 在 4 个组织，Se 在肝脏，Mn 和 Fe 在鳃、肝脏、性腺对水体金属的富集系数 BF_W 值均超过 $1×10^3$ L/kg 湿重。对于悬浮物，Se 和 Mo 在 4 个组织，Cu 和 Cd 在肝脏，Zn 在鳃、肝脏、性腺中富集系数 BF_{SPM} 值均超过 1（干重）。对于沉积物，Se 和 Mo 在 4 个组织，Cu 和 Cd 在肝脏，Zn 在鳃、肝脏、性腺中富集系数 BF_S 大于 1（干重）（表 5-3）。

表 5-3 黄河鱼类组织对水体（10^3 L/kg 湿重）、悬浮物（干重）和沉积物（干重）中 17 种痕量金属平均富集因子

痕量金属	BF_W				BF_{SPM}				BF_S			
	肌肉	鳃	肝脏	性腺	肌肉	鳃	肝脏	性腺	肌肉	鳃	肝脏	性腺
Be	0.160	0.528	0.413	0.179	0.009	0.002	0.002	0.001	0.001	0.003	0.002	0.001
V	0.014	0.168	0.120	0.049	0.030	0.018	0.012	0.005	0.002	0.024	0.017	0.007
Cr	**1.693**	**3.082**	**3.232**	**3.158**	0.026	0.043	0.034	0.035	0.031	0.051	0.042	0.046
Mn	0.628	**9.014**	**3.745**	**1.893**	0.003	0.033	0.013	0.007	0.004	0.049	0.019	0.011
Fe	0.788	**8.880**	**11.910**	**3.088**	0.005	0.040	0.055	0.016	0.003	0.028	0.039	0.011
Co	0.043	0.388	0.308	0.179	0.005	0.039	0.030	0.018	0.006	0.048	0.037	0.022

续表

痕量金属	BF$_W$				BF$_{SPM}$				BF$_S$			
	肌肉	鳃	肝脏	性腺	肌肉	鳃	肝脏	性腺	肌肉	鳃	肝脏	性腺
Ni	0.019	0.145	0.035	0.019	0.009	0.064	0.015	0.008	0.013	0.082	0.020	0.011
Cu	0.226	0.500	5.617	0.903	0.070	0.123	**1.287**	0.227	0.099	0.182	**1.356**	0.325
Zn	4.359	27.105	24.255	31.173	0.643	**2.875**	**2.245**	**2.843**	0.876	**3.962**	**3.215**	**3.799**
As	0.035	0.075	0.084	0.121	0.008	0.015	0.016	0.021	0.017	0.030	0.032	0.046
Se	0.471	0.651	1.691	0.962	**6.805**	**7.908**	**18.972**	**11.762**	**2.375**	**2.597**	**6.495**	**4.174**
Mo	0.040	0.050	0.101	0.052	**1.959**	**2.308**	**3.515**	**2.094**	**2.551**	**2.299**	**5.147**	**2.829**
Cd	0.129	0.451	5.401	0.972	0.075	0.210	**2.769**	0.553	0.134	0.481	**4.685**	0.634
Sn	**1.924**	**2.691**	**3.284**	**2.569**	0.156	0.253	0.212	0.176	0.112	0.116	0.159	0.123
Sb	0.019	0.019	0.054	0.019	0.278	0.439	0.363	0.468	0.116	0.136	0.235	0.123
Ba	0.009	0.173	0.023	0.017	0.046	0.255	0.146	0.039	0.012	0.182	0.143	0.017
Pb	0.153	0.621	0.414	0.217	0.012	0.044	0.030	0.015	0.019	0.067	0.046	0.023

注：BF$_W$ 值大于 1×10^3 L/kg，BF$_{SPM}$ 和 BF$_S$ 值大于 1 加粗显示。

进一步对不同区域、食性鱼类组织从水体富集金属的生物富集系数 BF$_W$ 值超过 1×10^3 L/kg、悬浮物 BF$_{SPM}$ 和沉积物平均 BF$_S$ 值大于 1 的金属富集系数进行分析。上、中、下游几乎所有组织对水体 Zn 的平均生物富集系数 BF$_W$ 值均超过 5×10^3 L/kg；上游和中游所有组织对水体 Cr 的平均 BF$_W$ 值均在 2×10^3~5×10^3 L/kg 之间；上游和中游鱼体鳃对 Mn、肝脏对 Cd、鳃和肝脏对 Fe 的平均 BF$_W$ 值均超过 5×10^3 L/kg；而 3 个区域鱼体组织对水体 Sn 的平均生物富集系数 BF$_W$ 值均在 1×10^3~5×10^3 L/kg 之间，其中上游所有组织的平均 BF$_W$ 值在 2×10^3~5×10^3 L/kg 之间（图 5-5）。3 个区域鱼体鳃、肝脏和性腺对悬浮物中 Zn 的生物富集系数 BF$_{SPM}$ 值大于 1，而 Se 则是 3 个区域鱼类 4 个组织中平均 BF$_{SPM}$ 值都大于 1；中游鱼类 4 个组织对悬浮物中 Mo 的平均 BF$_{SPM}$ 值大于 1，中、下游鱼体肝脏对悬浮物中 Cu 的平均 BF$_{SPM}$ 值大于 1，而对于 Sb，除中游鱼类组织部分样品中 BF$_{SPM}$ 大值于 1 外，其余均值 BF$_{SPM}$ 值均在 1 以下（图 5-5）。3 个区域鱼体鳃、肝脏和性腺对沉积物中 Zn 的生物富集系数 BF$_S$ 值大于 1，中、下游鱼体肝脏对沉积物中 Cu 的平均 BF$_S$ 值大于 1；上、中游鱼体 4 个组织对沉积物中 Se 平均 BF$_S$ 值大于 1，而 Mo 则是在中、下游各组织中平均 BF$_S$ 大于 1（图 5-5）。从食性来看，草食性鱼类 4 个组织对水体 Cr 的平均生物富集系数 BF$_W$ 值在 1×10^3~2×10^3 L/kg 之间，杂食性、无脊椎动物食性和肉食性鱼类除肌肉外的 3 个组织对水体 Cr 的平均 BF$_W$ 值在 2×10^3~5×10^3 L/kg 之间；4 种食性鱼类鳃对水体 Mn、鳃和肝脏对水体 Fe、除肌肉外的 3 个组织对 Zn 的平均 BF$_W$ 值大于 5×10^3 L/kg；4 种食性鱼类的 4 个组织对水体 Se 的平均生物富集系数 BF$_W$ 值在 1×10^3~5×10^3 L/kg 之间；草食性和无脊椎动物食性鱼类鳃对水体 Cd 的平均 BF_W 值在 $2\times10^3\sim5\times10^3$ L/kg 之间，而杂食性和肉食性鱼类肝脏对 Cd 的平均 BF_W 值大于 5×10^3 L/kg（图 5-6）。4 种食性鱼类的 4 个组织对悬浮物中 Se 和 Mo 的平均生物富集系数 BF_{SPM} 值均大于 1；4 种食性鱼类肝脏对悬浮物中 Cu 和 Cd 的平均 BF_{SPM} 均大于 1；而所有食性鱼类组织除肌肉外，对悬浮物中 Zn 的 BF_{SPM} 值均大于 1（图 5-6）。鱼类对沉积物中 Cu、Zn 和 Se 的生物富集系数 BF_S 值和悬浮物一致，杂食性、无脊椎动物食性和肉食性鱼类肝脏对沉积物中 Mo 和 Cd 的 BF_S 值均大于 1（图 5-6）。

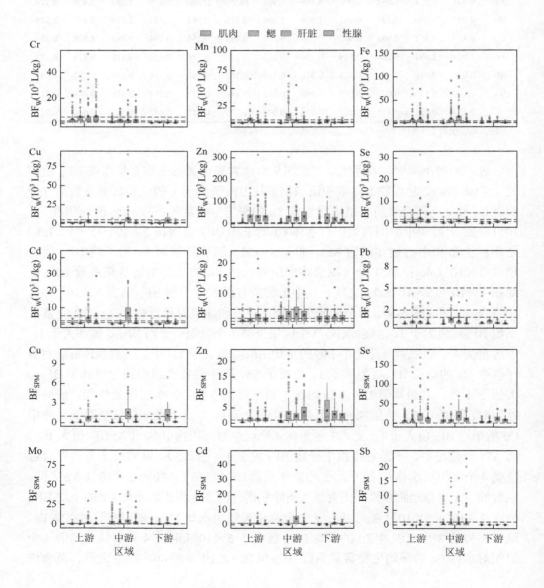

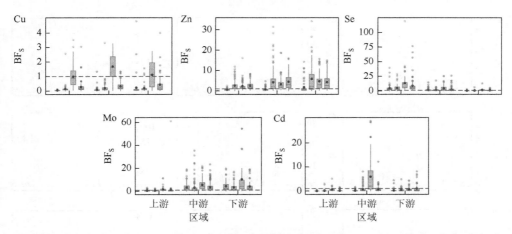

图 5-5 黄河不同区域鱼类组织对水体（10^3 L/kg 湿重）、悬浮物（干重）和沉积物（干重）中痕量金属富集因子

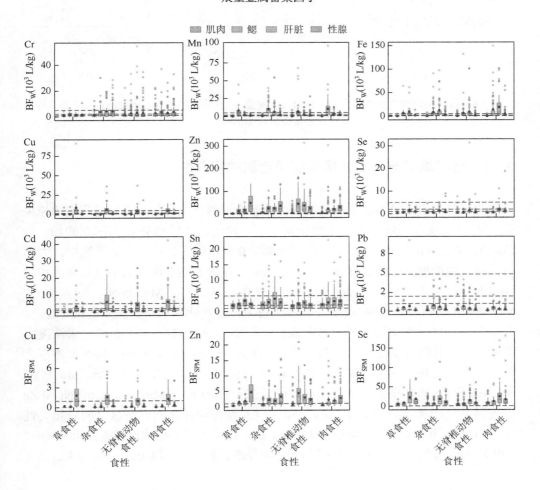

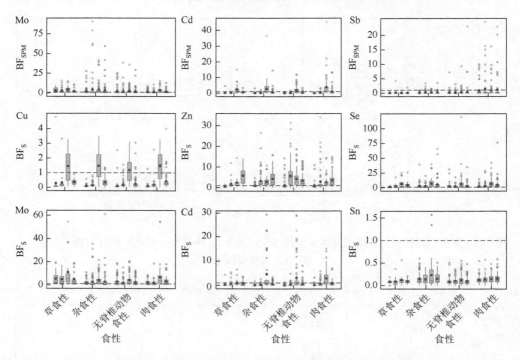

图 5-6 黄河不同食性鱼类组织对（10³ L/kg 湿重）、悬浮物（干重）和沉积物（干重）中痕量金属富集因子

5.2.2 鱼类组织与环境介质中痕量金属的相关性

除了 Be、Mn 和 Sn，水体中大部分痕量金属浓度之间都具有一定程度的相关性。V、As、Mo、Ba 和其他金属元素浓度之间的相关性极显著（$p<0.001$），且 Co-Ni、V-Se-Mo、Sb-Ba 之间的相关系数＞0.80［图 5-7（a）］。悬浮物中，大部分痕量金属浓度之间相关性显著，其中 Mn、Ni 和其他金属元素浓度均显著相关（$p<0.05$）。V 与 Be、Cr、Mn、Co，Cr 与 Co、Ni、Zn，Mn-Co-Ni，As 与 Zn、Mo、Sb 之间的相关系数＞0.80［图 5-7（b）］。沉积物中痕量金属元素相对稳定，几乎所有金属元素浓度之间都具有显著相关性（$p<0.05$），且大部分元素浓度之间的相关系数绝对值都在 0.50 以上［图 5-7（c）］。鱼体各组织中一些金属浓度之间也具有显著相关性。如鱼体肌肉中 V 与 Mn、Fe、Co、Ni、Cu、Zn、Mo、Cd、Sn、Ba 和 Pb 浓度显著正相关（$p<0.05$），Ba 和 Pb 均与 Mn、Fe、Co、Ni 和 Zn 浓度显著正相关（$p<0.05$），Mn、Fe 和 Co 浓度两两之间存在显著的正相关性（$p<0.05$）［图 5-8（a）］；鳃中 V 与 Mn、Fe、Co、Ni 和 Pb 浓度显著正相关（$p<0.05$），Mn 与 Fe、Co、Ni、Ba 和 Pb 浓度显著正相关（$p<0.05$），As 与 Be、V、

Mn、Fe、Co 和 Ni 浓度之间显著正相关（$p<0.05$）[图 5-8（b）]；肝脏和性腺中，V 与 Mn、Fe、Co、Ni、As、Cd、Sb、Ba 和 Pb 浓度之间显著正相关（$p<0.05$），Mn 和 Fe 均与 Co 和 Ni 浓度之间显著正相关（$p<0.05$），Sb、Ba 和 Pb 均与 Mn、Fe 和 Ni 浓度有显著的正相关性（$p<0.05$）[图 5-8（c）、（d）]。

鱼体组织中一些痕量金属和各环境介质中对应金属元素浓度表现出显著相关性 [图 5-7（a）~（c）]。如肌肉与水体中 Cr-Cr（$r=0.37$，$p<0.001$）、Fe-Fe（$r=0.21$，$p<0.001$）、Ba-Ba（$r=0.21$，$p<0.001$），肌肉与悬浮物中 Cr-Cr（$r=0.27$，$p<0.001$）、As-As（$r=0.22$，$p<0.001$），沉积物中 Cr-Cr（$r=0.39$，$p<0.001$）显著相关；鳃与水体中 Cr-Cr（$r=0.23$，$p<0.001$）、Zn-Zn（$r=0.23$，$p<0.001$），悬浮物中 Cu-Cu（$r=0.14$，$p<0.05$），沉积物中 Cr-Cr（$r=0.36$，$p<0.001$）显著相关；肝脏与水体中 Cr-Cr（$r=0.40$，$p<0.001$），悬浮物中 Cr-Cr（$r=0.27$，$p<0.001$）、Cu-Cu（$r=0.3$，$p<0.001$）、Zn-Zn（$r=0.32$，$p<0.001$），沉积物中 Cr-Cr（$r=0.28$，$p<0.001$）、Zn-Zn（$r=0.29$，$p<0.001$）显著相关；性腺与水体中 Cr-Cr（$r=0.27$，$p<0.001$），悬浮物中 V-V（$r=0.24$，$p<0.001$）、Cr-Cr（$r=0.23$，$p<0.001$），沉积物中 Cr-Cr（$r=0.28$，$p<0.001$）显著相关。

本研究发现，不同摄食习性的鱼体内 Cr 浓度无显著差异，可能与鱼体对一些必需金属元素存在着主动调控作用有关，这和先前学者对长江中 8 种鱼体内 Cr 的含量调控作用的结果类似（Meador et al.，2005；曾乐意等，2012）。对于鱼类

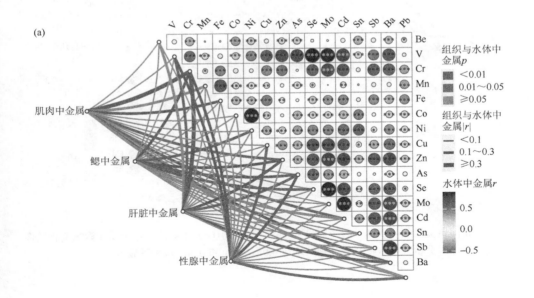

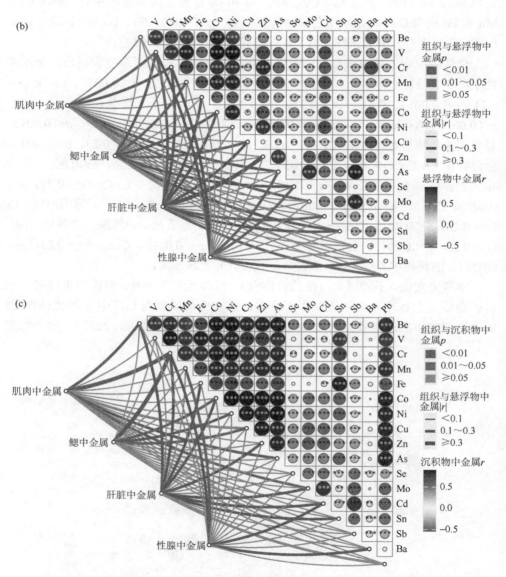

图 5-7 黄河鱼类组织和水体（a）、悬浮物（b）、沉积物（c）中对应痕量金属元素浓度相关性分析（*、**和***分别表示在 0.05、0.01 和 0.001 水平下显著）

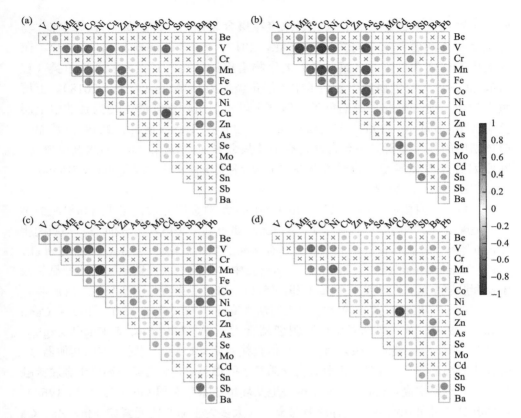

图 5-8 黄河鱼类组织中痕量金属浓度之间相关性分析 [(a) 肌肉；(b) 鳃；(c) 肝脏；(d) 性腺；×表示在 0.05 水平下不显著]

非必需金属元素如毒性较强的 As、Cd、Pb 等，它们通过体表、鳃、随食物消化吸收等途径进入鱼体产生富集。在不同季节、发育和年龄阶段，富集状况会有所差异。随着鱼体的生长发育，机体中一些金属尤其是重金属的含量可能会呈增加的趋势（Farkas et al.，2003）。研究发现：与冬季相比，伊斯肯德伦海湾的欧洲鳗和大西洋鲷肌肉组织中 Cu、Cd、Zn、Pb 和 Fe 铁的含量在夏季相对较高，可能是由于夏季鱼类的生理活性增加以及海湾环境中金属的输入增加所致（Aytekin et al.，2019）。太湖中的鲤鱼和黄颡鱼对 Cd、Cr、Pb 的富集也有类似的现象，夏季鱼的生长速度会更快，从而导致更高的金属富集（Rajeshkumar & Li，2018）。如 Pb 在鱼体内主要富集在有机体骨骼中，且非常稳定，难以排出体外，因而富集量会随着鱼类年龄增加而增加（Komarnicki，2000）。一些金属富集则出现相反的情况，如研究发现红鳍原鲌的体长与肌肉中 Cd 浓度呈显著负相关（$p < 0.05$），表明红鳍原鲌的生长对肌肉中 Cd 浓度具有生长稀释作用（Zeng et al.，2012）。本

研究也发现大多数非必需金属元素浓度在摄食习性上存在显著差异，这往往与其摄食行为和营养水平有关（Yi et al.，2017；Rajeshkumar & Li，2018）。在太湖中发现肉食性鱼类（黄颡鱼）的生物富集量最高，其次为杂食性鱼类（鲤鱼），底栖鱼类的生物蓄积量高于中上层鱼类（Rajeshkumar & Li，2018）。上层鱼类对金属的富集低于底栖鱼类，但高于以水生植物和浮游生物为食的中上层鱼类（Hajeb et al.，2009；Velusamy et al.，2014；Traina et al.，2019）。然而，应该指出的是，本研究中杂食性鱼类中某些金属（如 Sn 和 Pb）的浓度也较高，其原因可能和金属元素特异性和鱼类所处环境条件有关（Wagner & Boman，2003；Liu et al.，2018）。

从鱼类自身生物学特性来说，由于不同组织对金属元素代谢作用和机制的不同而呈现出一定的组织功能特异性（Jayaprakash et al.，2015）。一般而言，与肌肉相比，鱼体鳃、肝脏和肾脏对大多数金属有更高的生物富集能力（Jayaprakash et al.，2015；Dhanakumar et al.，2015）。在本研究中，肌肉中大多数金属的浓度显著低于鳃和肝脏中的浓度（参见图 5-1 和图 5-2）。这种富集特性主要与鳃、肝脏和肾脏的代谢作用机制有关，通常它们代谢活性高于肌肉（Serra et al.，1993；Canli et al.，1998），而且肌肉对金属吸附或结合力较低（Uluturhan & Kucuksezgin，2007）。鳃作为鱼类的呼吸器官，与水体直接且密切接触；同时，相比其他器官，鳃过滤的水量更多，且鳃上覆盖有富含阴离子的黏膜层，进而鳃与环境中金属接触量和接触频率更高，从而能更多、更快地从环境中富集金属（Pringle et al.，1968）。鱼体肝脏和肾脏代谢活跃，有众多与金属（大多为生命必需元素如 Mn、Zn、Cu 等）相关且参与重要生理代谢过程的酶如痕量金属硫蛋白（MTs）存在，因而肝脏和肾内必需金属元素往往含量较高（Kendrick et al.，1992；Al-Yousuf et al.，2000）。鱼类性腺中必需金属元素如 Zn、Cu 通常也有较高的含量。当处于繁殖期时，性腺中一些蛋白质大分子的合成需要大量的必需元素参与，从而保证并维持性腺细胞的营养供给。另一方面，在繁殖季节的鱼类性腺中会生成大量的胆固醇类物质，这一过程中需要一系列酶的参与，如 MTs 会被诱导产生，进一步增加了必需金属元素在性腺中的富集（Olsson et al.，1988）。

鱼类对金属富集差异更为重要的是会受到其所处外界环境条件的影响。如水环境因子水温、溶解氧、pH、离子浓度及组成等；生物因素如鱼类与其他水生生物间的竞争、捕食、食物组成、营养级差异等；栖息环境中金属浓度、暴露和持续时间及生物有效性等（Wagner & Boman，2003）。这些因素除了影响一些金属在介质中的迁移转化，也会影响鱼类的生理代谢活动。在水生态系统中，处于不同生态位和营养级的鱼类也会面临其他水生生物捕食和竞争的压力，这间接地影响到它们对食物的摄取、利用及食物链的长度，进而造成金属的富集差异。有研究指出由于 Cd 容易被植物吸收，因而主要以浮游植物为食的鲢鱼对 Cd 表现出较高的富集（刘晓伟等，2017）。本研究中，肌肉中的 Zn、Fe、Cr 和 Ba 浓度之间存在显著的正相关，鳃中的 Co、V 和 Mn，肝脏中的 Ni、As 和 Ba，性腺中的 V 和 As 和 Cd 浓度也显示出显著的正相关关系（参见图 5-8）。表明这些富集在鱼体组织中的金属元素具有同源性或相似的富集机制（Sivaperumal et al.，2007）。

从鱼类富集金属的方式可知，除了鱼类和金属元素自身特性外，环境中金属的本底浓度对鱼体富集起着重要作用。众多研究都指出鱼体金属浓度和环境中金属浓度之间存在显著的相关性。养殖池塘沉积物中的 Cr、Zn 和 As 分别和罗非鱼肠道、肝脏、肌肉和肾脏中的对应金属浓度之间存在显正相关（$p<0.05$）（Ju et al.，2017）。在水库中的鲤鱼、鳟鱼肌肉中的 Cr、Ni 和 Pb 和水体中对应元素浓度显著相关性（Varol & Sünbül，2018）。本研究中，鱼类组织中的一些痕量金属与水体、悬浮物或沉积物中相应金属浓度呈显著相关性（参见图 5-7）。黄河鱼类对金属的组织特异性富集模式可能主要来自于金属类型、鱼体组织特异性和复杂的外部水环境中金属浓度等共同的影响。

金属元素，尤其是重金属，其在水环境中难以降解，容易在水生食物链/网中积累和传输。它们在不同营养等级的水生生物中富集，一些金属，如 Zn、Cd 和 Pb 等在传播过程中还会发生生物放大作用（Quinn et al.，2003）。不同鱼类机体中金属浓度会显示出显著的差异，研究指出这种差异主要取决于金属的类型和非生物介质中的浓度（Cajaraville et al.，2000；McGeer et al.，2003；Rajkowska & Protasowicki，2013）。本研究中，鱼体金属浓度在不同区域有所差异，如中游和下游鱼类组织中的 Cu 和 Zn 浓度高于上游鱼类，这可能跟这些区域水环境中金属浓度较高有关。黄河源区以下大部分河段悬浮泥沙含量较高，悬浮物中大部分金属的浓度甚至高于沉积物。而且，不同区域悬浮泥沙的粒径分布和复杂的水动力条件影响了鱼体对金属的吸收和摄入（Wang et al.，2005；Buyang et al.，2019）。此外，食物来源和摄食行为也会影响鱼体内的金属浓度和分布（Rajkowska & Protasowicki，2013；Squadrone et al.，2013）。先前研究发现黄河不同区域浮游植物密度分别为下游＜上游＜中游（丁一桐等，2021），且水生植物在上、中、下游的高、低和中及底栖动物的高、中和低丰度也会影响具有不同摄食习性的鱼类中痕量金属的浓度（图 5-9），而且食物中金属的浓度往往也存在差异。浮游动物对金属的排泄率较高，而底栖双壳类对某些金属的同化率较高（Cajaraville et al.，2000；Wang et al.，2010a）。总体而言，鱼类组织对痕量金属的生物富集特征取决于金属类型、组织特异性、食物成分和分布以及鱼类所处复杂的水力条件下环境介质中金属浓度。

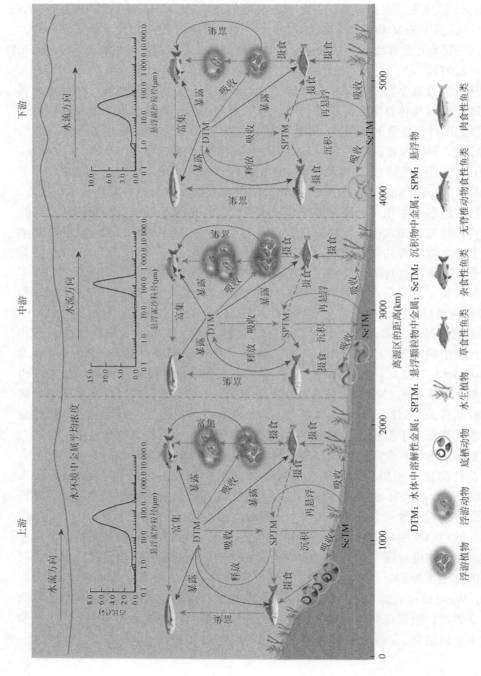

图 5-9 黄河干流非生物（水体、悬浮物和沉积物）和生物介质（鱼类组织）中痕量金属分布和归趋的概念模型

5.3 小　　结

本章主要研究黄河干流鱼类对环境介质中金属富集的组织特性及影响因素。首先分析了黄河干流不同区域和食性鱼类组织中金属浓度及分布。其次，分析了鱼体组织中金属之间及其与环境介质中对应金属浓度的关系。最后，结合不同区域、食性鱼类组织对环境介质中金属的富集系数以及相关性分析探讨鱼类组织生物富集特性及影响因素，主要得到以下结论：

（1）大多数痕量金属的浓度在鳃和肝脏中最高（二者之间无显著差异），其次是性腺，肌肉中最低。肌肉、鳃、肝脏和性腺中金属浓度分布差异显著。肌肉中金属浓度分布在上、中、下游差异显著，鳃中金属浓度分布在 4 种食性间均有显著差异。然而，某些组织中金属浓度分布在空间和食性间无显著差异，如肝脏中金属浓度分布在中游和下游、草食性和杂食性鱼类之间无显著差异。总体而言，鱼体组织中的浓度差异较空间、食性上的差异明显。

（2）鱼体组织中一些痕量金属元素和环境介质中对应痕量金属元素浓度有显著相关性，且各组织对痕量金属元素的生物富集特征存在一定差异。黄河鱼类对金属的组织特异性富集模式主要来自于金属类型、鱼体组织特异性、食物组成与分布及复杂的外部水环境中金属浓度的共同影响。

参 考 文 献

丁一桐, 潘保柱, 赵耿楠, 等. 2021. 黄河干流全河段浮游植物群落特征与水质生物评价. 中国环境科学, 41（2）: 891-901.

李华栋, 宋颖, 王倩倩, 等. 2019. 黄河山东段水体重金属特征及生态风险评价. 人民黄河, 41（4）: 51-57.

刘晓伟, 陆维亚, 薛敏敏, 等. 2017. 东洞庭湖鲢鱼和鳙鱼中重金属富集差异分析. 食品与机械, 33（12）: 65-69.

曾乐意, 闫玉莲, 谢小军. 2012. 长江朱杨江段几种鱼类体内重金属铅、镉和铬含量的研究. 淡水渔业, 42（2）: 61-65.

Al-Yousuf M H, El-Shahawi M S, Al-Ghais S M. 2000. Trace metals in liver, skin and muscle of *Lethrinus lentjan* fish species in relation to body length and sex. Science of the Total Environment, 256（2-3）: 87-94.

Amin B, Ismail A, Arshad A, et al. 2009. Anthropogenic impacts on heavy metal concentrations in the coastal sediments of Dumai, Indonesia. Environmental Monitoring and Assessment, 148（1）: 291-305.

Aytekin T, Kargın D, Çoğunc H Y, et al. 2019. Accumulation and health risk assessment of heavy metals in tissues of the shrimp and fish species from the Yumurtalik coast of Iskenderun Gulf, Turkey. Heliyon, 5（8）: e02131.

Beard J L, Dawson H, Pifiero D J. 1996. Iron metabolism: A comprehensive review. Nutrition Reviews, 54（10）: 295-317.

Bhosale U, Sahu K C. 1991. Heavy metal pollution around the island city of Bombay, India. Part II: Distribution of heavy metals between water, suspended particles and sediments in a polluted aquatic regime. Chemical Geology, 90（3-4）: 285-305.

Böck K, Polt R, Schülting L. 2018. Ecosystem Services in River Landscapes. *In*: Schmutz S, Sendzimir J. Riverine Ecosystem Management: Science for Governing Towards a Sustainable Future. Berlin Heidelberg: Springer, 413-433.

Buyang S J, Yi Q T, Cui H B, et al. 2019. Distribution and adsorption of metals on different particle size fractions of sediments in a hydrodynamically disturbed canal. Science of the Total Environment, 670: 654-661.

Cajaraville M P, Bebianno M J, Blasco J. 2000. The use of biomarkers to assess the impact of pollution in coastal environments of the Iberian Peninsula: A practical approach. Science of the Total Environment, 247 (2-3): 295-311.

Canli M, Ay Ö, Kalay M. 1998. Levels of heavy metals (Cd, Pb, Cu, Cr and Ni) in tissue of *Cyprinus carpio*, *Barbus capito* and *Chondrostoma regium* from the Seyhan river, Turkey. Turkish Journal of Zoology, 22: 149-157.

Chowdhury S, Mazumder M A, Alattas O. 2016. Heavy metals in drinking water: Occurrences, implications, and future needs in developing countries. Science of the Total Environment, 569: 476-488.

Dhanakumar S, Solaraj G, Mohanraj R. 2015. Heavy metal partitioning in sediments and bioaccumulation in commercial fish species of three major reservoirs of river Cauvery delta region, India. Ecotoxicology and Environmental Safety, 113: 145-151.

Dong J W, Xia X H, Zhai Y W. 2013. Investigating particle concentration effects of polycyclic aromatic hydrocarbon (PAH) sorption on sediment considering the freely dissolved concentrations of PAHs. Journal of Soils and Sediments, 13: 1469-1477.

Farkas A, Salánki J, Specziár A. 2003. Age-and size-specific patterns of heavy metals in the organs of freshwater fish *Abramis brama* L. populating a low-contaminated site. Water Research, 37 (5): 959-964.

Gashkina N A. 2017. Essential elements in the organs and tissues of fish depending on the freshwater toxicity and physiological state. Geochemistry International, 55 (10): 927-934.

Grizetti B, Lanzanova D, Liquete C, et al. 2018. Assessing water ecosystem services for water resource management. Environmental Science & Policy, 61: 194-203.

Hajeb P, Jinap S, Ismail A, et al. 2009. Assessment of mercury level in commonly consumed marine fishes in Malaysia. Food Control, 20: 79-84.

Hirst J. 2013. Mitochondrial complex I. Annual Review of Biochemistry, 82: 551-575.

Ip C C M, Li X D, Zhang G, et al. 2005. Heavy metal and pb isotopic compositions of aquatic organisms in the Pearl river estuary, South China. Environmental Pollution, 138 (3): 494-504.

Järv L, Kotta J, Simm M. 2013. Relationship between biological characteristics of fish and their contamination with trace metals: a case study of perch *Perca fluviatilis* L. in the Baltic Sea. Proceedings of the Estonian Academy of Sciences, 62 (3): 193-201.

Jayaprakash M, Kumar R S, Giridharan L, et al. 2015. Bioaccumulation of metals in fish species from water and sediments in macrotidal Ennore creek, Chennai, SE coast of India: A metropolitan city effect. Ecotoxicology and Environmental Safety, 120: 243-255.

Ju Y R, Chen C W, Chen C F, et al. 2017. Assessment of heavy metals in aquaculture fishes collected from southwest coast of Taiwan and human consumption risk. International Biodeterioration & Biodegradation, 124: 314-325.

Kendrick M H, Moy M T, Plishka M J, et al. 1992. Metals and Biological Systems. UK: Ellis Horwood Ltd.

Komarnicki G J. 2000. Tissue, sex and age specific accumulation of heavy metals (Zn, Cu, Pb, Cd) by populations of the mole (*Talpa europaea* L.) in a central urban area. Chemosphere, 41 (10): 1593-1602.

Kuhn D E, O'Brien K M, Crockett E L. 2016. Expansion of capacities for iron transport and sequestration reflects plasma volumes and heart mass among white-blooded notothenioid fishes. American Journal of physiology. Regulatory, Integrative and Comparative Physiology, 311 (4): R649-R657.

Li R, Tang X Q, Guo W J, et al. 2020. Spatiotemporal distribution dynamics of heavy metals in water, sediment, and zoobenthos in mainstem sections of the middle and lower Changjiang River. Science of the Total Environment, 714: 136779.

Liu H Q, Liu G J, Wang S S, et al. 2018. Distribution of heavy metals, stable isotope ratios ($\delta^{13}C$ and $\delta^{15}N$) and risk assessment of fish from the Yellow River Estuary, China. Chemosphere, 208: 731-739.

Lü C W, He J, Fan Q Y, et al. 2011. Accumulation of heavy metals in wild commercial fish from the Baotou Urban Section of the Yellow River, China. Environmental Earth Sciences, 62 (4): 679-696.

Malvandi H. 2017. Preliminary evaluation of heavy metal contamination in the Zarrin-Gol River sediments, Iran. Marine Pollution Bulletin, 117 (1-2), 547-553.

McGeer J C, Brix K V, Skeaff J M, et al. 2003. Inverse relationship between bioconcentration factor and exposure concentration for metals: Implications for hazard assessment of metals in the aquatic environment. Environmental Toxicology and Chemistry, 22 (5): 1017-1037.

Meador J P, Ernest D W, Kagley A N. 2005. A comparison of the non-essential elements cadmium, mercury and lead found in fish and sediment from Alaska and California. Science of the Total Environment, 339: 189-205.

Olsson P E, Larsson A, Haux C. 1988. Metallothionein and heavy metal levels in rainbow trout (*Salmo gairdneri*) during exposure to cadmium in water. Marine Environmental Research, 24 (1-4): 151-153.

Osredkar J, Sustar N. 2011. Copper and zinc, biological role and significance of copper/zinc imbalance. Journal of Clinical Toxicology, S3.

Pringle B H, Hissong D E, Katy E L, et al. 1968. Trace metal accumulation by estuarine mollusks. Journal of the Sanitary Engineering Division, American Society of Civil Engineers, 94: 455-475.

Quinn M R, Feng X, Folt C L, et al. 2003. Analyzing trophic transfer of metals in stream food webs using nitrogen isotopes. Science of the Total Environment, 317 (1-3): 73-89.

Rajeshkumar S, Li X Y. 2018. Bioaccumulation of heavy metals in fish species from the Meiliang Bay, Taihu Lake, China. Toxicology Reports, 5: 288-295.

Rajkowska M, Protasowicki M. 2013. Distribution of metals (Fe, Mn, Zn, Cu) in fish tissues in two lakes of different trophy in Northwestern Poland. Environmental Monitoring and Assessment, 185: 3493-3502.

Serra R, Carpene E, Torresani G, et al. 1993. Concentration of Zn, Cu, Fe, and Cd in *Liza ramada* and *Leuciscus cephalus*. Archivio Veterinario Italiano, 44: 166-174.

Sivaperumal P, Sankar T V, Nair P G V. 2007. Heavy metal concentrations in fish, shellfish and fish products from internal markets of India vis-a-vis international standards. Food Chemistry, 102 (3), 612-620.

Squadrone S, Prearo M, Brizio P, et al. 2013. Heavy metals distribution in muscle, liver, kidney and gill of European catfish (*Silurus glanis*) from Italian Rivers. Chemosphere, 90: 358-365.

Sun C, Wei Q, Ma L X, et al. 2017. Trace metal pollution and carbon and nitrogen isotope tracing through the Yongdingxin River estuary in Bohai Bay, Northern China. Marine Pollution Bulletin, 115 (1-2): 451-458.

Töre Y, Ustaoğlu F, Tepe Y, et al. 2021. Levels of toxic metals in edible fish species of the Tigris River (Turkey): Threat to public health. Ecological Indicators, 123: 107361.

Traina A, Bono G, Bonsignore M, et al. 2019. Heavy metals concentrations in some commercially key species from Sicilian coasts (Mediterranean Sea): potential human health risk estimation. Ecotoxicology and Environmental Safety, 168: 466-478.

Uluturhan E, Kucuksezgin F. 2007. Heavy metal contamination in Red Pandora (*Pagellus erythrinus*) tissues from the eastern Aegean sea, Turkey. Water Research, 41: 1185-1192.

Varol M, Sünbül M R. 2018. Multiple approaches to assess human health risks from carcinogenic and non-carcinogenic metals via consumption of five fish species from a large reservoir in Turkey. Science of the Total Environment, 633: 684-694.

Velusamy A, Kumar P S, Ram A, et al. 2014. Bioaccumulation of heavy metals in commercially important marine fishes from Mumbai Harbor, India. Marine Pollution Bulletin, 81 (1): 218-224.

Wagner A, Boman J. 2003. Biomonitoring of trace elements in muscle and liver tissue of freshwater fish. Spectrochimica Acta Part B: Atomic Spectroscopy, 58 (12): 2215-2226.

Wang H J, Yang Z S, Bi N S, et al. 2005. Rapid shifts of the river plume pathway off the Huanghe (Yellow) River mouth in response to Water-Sediment Regulation Scheme in 2005. Chinese Science Bulletin, 50 (24): 2878-2884.

Wang X Y, Yi Z, Yang H S, et al. 2010a. Investigation of heavy metals in sediments and Manila clams *Ruditapes philippinarum* from Jiaozhou Bay, China. Environmental Monitoring and Assessment, 170 (1-4): 631-643.

Wang Y M, Chen P, Cui R N, et al. 2010b. Heavy metal concentrations in water, sediment, and tissues of two fish species (*Triplohysa pappenheimi*, *Gobio hwanghensis*) from the Lanzhou section of the Yellow River, China. Environmental Monitoring and Assessment, 165 (1): 97-102.

White S L, Rainbow P S. 1982. Regulation and accumulation of copper, zinc and cadmium by the shrimp *Palaemon elegans*. Marine Ecology Progress Series, 8 (1): 95-101.

Yi Y J, Tang C H, Yi T C, et al. 2017. Health risk assessment of heavy metals in fish and accumulation patterns in food web in the upper Yangtze River, China. Ecotoxicology and Environmental Safety, 145: 295-302.

Zeng J, Yang L Y, Wang, X, et al. 2012. Metal accumulation in fish from different zones of a large, shallow freshwater lake. Ecotoxicology and Environmental Safety, 86: 116-124.

Zhang G L, Bai J L, Xiao R, et al. 2017. Heavy metal fractions and ecological risk assessment in sediments from urban, rural and reclamation affected rivers of the Pearl River Estuary, China. Chemosphere, 184: 278-288.

Zhang Q Z, Tao Z, Ma Z W, et al. 2019. Hydro-ecological controls on riverine organic carbon dynamics in the tropical monsoon region. Scientific Reports, 9 (1): 1-11.

Zhang X T, Xia X H, Dong J W, et al. 2014. Enhancement of toxic effects of phenanthrene to *Daphnia magna* due to the presence of suspended sediment. Chemosphere, 104: 162-169.

Zheng N, Wang Q C, Liang Z Z, et al. 2008. Characterization of heavy metal concentrations in the sediments of three freshwater rivers in Huludao City, Northeast China. Environmental Pollution, 154 (1): 135-142.

Zuo H, Ma X L, Chen Y Z, et al. 2016. Studied on distribution and heavy metal pollution index of heavy metals in water from upper reaches of the Yellow River, China. Spectroscopy and Spectral Analysis, 36 (9): 3047-3052.

第6章 痕量金属在黄河受威胁鱼类中生物富集特征及潜在风险

全球人口的增加和对资源需求的增长促进了人类对自然资源的开发利用，城市化扩张和工农业的发展，同时也造成进入水环境中的污染物水平随之增加，已在世界各地引发了一系列的水体污染问题（Gavrilescu et al.，2015；Alengebawy et al.，2021）。在这些污染物中，岩石风化、侵蚀等自然来源和通过人类活动，如钢铁工业、采矿和冶炼等产生的痕量金属，尤其是重金属则是主要污染物之一。因其致毒性、难降解性、持久性和生物累积性而引发的水污染已成为被广泛关注的世界性环境问题（Islam et al.，2018）。尽管一些痕量金属如 Cu、Fe、Mn、Ni 和 Zn 等为生物体所必需的元素，在生命活动过程中起着重要的作用，但在缺乏或过量的情况下也会对机体产生一定的毒害作用（Kennedy，2011；Paschoalini & Bazzoli，2021）。相比之下，一些生物非必需金属元素如 As、Cd 和 Pb 等，即使浓度在非常低的水平下，它们通常也表现出相当大的毒性（Sfakianakis et al.，2015；Ali & Khan，2018）。当然，金属元素对于生物体的作用或影响是会因物种而异的（Paschoalini & Bazzoli，2021）。

鱼类作为一个高度多样化的群体，在整个水生态系统物质循环和能量流动过程中发挥着关键作用（Eddy et al.，2017；Benkwitt et al.，2020）。研究金属对鱼类生理、生长和生存繁衍等影响对水生生物保护与多样性的维持具有重要意义。目前较多研究主要集中在金属在鱼类中的含量、毒性、食物链/网累积途径以及食用健康风险评价等方面（Liu et al.，2018；Albuquerque et al.，2021）。如 Yi 等（2017）研究发现长江中沉积物向底栖动物转移的金属风险最大，处于较高营养级的鱼类累积风险较低，鱼类中的 As 和 Cd 对人类健康存在潜在风险；Jiang 等（2022）发现洞庭湖鱼类中 Cr 浓度高于国内外相关机构规定的浓度阈值，底层鱼类对 Cu、Zn、Cd 和 Pb 具有高的富集量，Fe、Pb 和 Hg 在营养级间的转移过程中产生了生物放大现象。还有一些研究集中在金属对鱼类生理、生化及群落结构的影响方面。如研究发现三价铬是一些酶的重要组成部分，而六价铬具有生物膜渗透能力，对淡水鱼类有毒性影响，如造成鱼类 DNA 断裂、微核和双核红细胞出现等遗传毒性（Bakshi & Panigrahi，2018）；一些金属如 Cu、Cd 和 As 等达到一定浓度时会导致幼鱼多种代谢紊乱，进而影响其生长发育（Couture & Kumar，2003），Hg、

Cr 和 Pb 等还可能会对鱼类会产生一定的致畸作用（Sfakianakis et al., 2015）；在满足其他水质标准的前提下，水体金属污染程度的增加会导致鱼类多样性的降低，当然，鱼类群落可能也同时也受到了食物供应或生境物理条件（如河宽、流量等）等的影响（Dyer et al., 2000；Bervoets et al., 2005）。

黄河作为中国第二大河流，流域内支流众多，地质、地貌多样，环境异质性高，分布着丰富、多样的物种资源及珍稀特有鱼类（茹辉军等，2010；李思忠，2017）。在过去的几十年里，黄河流域经历了气候变化、径流减少、外来鱼类引入和水体污染等自然和人为干扰，鱼类物种数和资源量显著下降（Jia et al., 2020；Wang et al., 2021）。最近研究发现，历史时期（20 世纪 80 年代以前），黄河（18 个河段）鱼类有 182 种，当前（2000～2019 年）则仅有 112 种，物种数下降了 38.5%，有 46.7%的土著鱼类已经灭绝，鱼类功能和系统发育多样性显著增加（Wang et al., 2021）。另一项研究指出，当前（2009～2016 年）和历史时期（1956～1965 年）相比，黄河鱼类在分类、功能和系统发育 α 多样性均有所增加，而 β 多样性降低，即黄河鱼类群落已趋于同质化，这可能主要归因于土著种的灭绝和外来种的入侵（Olden & Rooney, 2006；Jia et al., 2020）。在渔业资源方面，自 1976 年以来，黄河上游渔获量大幅下降，在 1978～1987 年间，扎陵湖和鄂陵湖裂腹鱼类捕捞量超过 $1.5×10^7$ kg，但远小于 1976 年以前的渔获量（Qi, 2016；武云飞和吴翠珍，1992）。黄河玛曲河段鱼类渔获量在 20 世纪 70 年代中期为 $1.0×10^5$ kg，到 80 年代仅为 $0.5×10^5$ kg；上游宁夏河段在 80 年代也仅有 $0.5×10^5$ kg，不到 50 年代的一半（李红娟等，2009）。据 2015 年调查，黄河中游陕西段年捕捞量约为 $1.0×10^5$ kg（王益昌等，2017）。80 年代，下游伊洛河口在鱼类即使在繁殖季节，日总产量也仅约 50 kg；山东河段捕鱼量也不到 $1.0×10^5$ kg（李红娟等，2009）。整体而言，黄河鱼类资源量在不断下降，且个体趋于小型化，这除了水利工程建设、渔业捕捞和外来种入侵等因素，水体污染也是影响其衰退的重要原因。根据历年黄河水资源公报数据，2007 年以前黄河有近 30%的河段水质还处于劣Ⅴ类，三角洲地区等局部水污染导致区域鱼类锐减，多样性下降（潘怀剑和田家怡，2001）。近年来，尽管黄河整体水质有所提升，但局部水污染问题仍存在，如黄河中游沉积物中 Cu 和 Cr 污染水平较高，且存在潜在生态风险（Yan et al., 2016）。尽管目前的一些研究指出黄河鱼类中金属浓度处于安全范围内，但由于大部分金属具有持久性、难降解性和生物累积性（Liu et al., 2018；Ge et al., 2020），因此，黄河金属浓度与分布对鱼类，尤其是那些处于受威胁状态种类的影响不容忽视。

本研究选取在黄河干流 16 个河段中采集的水体、悬浮物、沉积物和 8 种受威胁鱼类样品，分析不同受威胁等级鱼类组织对水环境介质中痕量金属富集差异，并对其污染风险进行评价。研究的结果可为黄河鱼类，尤其是珍稀、特有鱼类资源保护与管理提供参考。

6.1 黄河所采集的受威胁鱼类空间分布

由第 4 章中黄河所采集的鱼类信息可知，在黄河干流 16 个河段共采集到受威胁鱼类标本 102 尾，隶属于 2 目 3 科 8 属 8 种。其中鲤科鱼类 6 种占所有鱼总数的 75.0%，分别为黄河鮈、花斑裸鲤、黄河裸裂尻鱼、厚唇裸重唇鱼、大鼻吻鮈和黄河雅罗鱼。鳅科鱼类 1 种为拟鲇高原鳅，鲇科 1 种为兰州鲇（表 6-1）。从样本空间分布来看，源区主要分布有黄河裸裂尻鱼、厚唇裸重唇鱼、花斑裸鲤和拟鲇高原鳅；上游主要有花斑裸鲤、兰州鲇、黄河雅罗鱼、大鼻吻鮈和黄河鮈；中游主要为兰州鲇和黄河雅罗鱼，下游未采集到受威胁鱼类（图 6-1）。

表 6-1 黄河干流鱼类受威胁状态、生态和生物学信息

种名	受威胁状态	生态类型	体长范围（cm）	体重范围（g）	样本量
黄河鮈 *Gobio huanghensis*	EN	P, Dem, In	11.2	15.6	1
花斑裸鲤 *Gymnocypris eckloni*	VU	D, Dem, In	7.5～21.4	5.5～168.6	29
黄河裸裂尻鱼 *Schizopygopsis pylzovi*	VU	D, Dem, De	11.0～34.9	14.5～507.0	15
厚唇裸重唇鱼 *Gymnodiptychus pachycheilus*	VU	D, Dem, In	24.8	186.0	1
大鼻吻鮈 *Rhinogobio nasutus*	NT	D, Dem, In	14.5～24.3	36.1～177.4	9
黄河雅罗鱼 *Leuciscus chuanchicus*	CR	V, U, Om	13.8～20.6	29.0～157.7	17
拟鲇高原鳅 *Triplophysa siluroides*	VU	V, Dem, In	20.0～61.5	41.9～1973.7	3
兰州鲇 *Silurus lanzhouensis*	EN	V, L, Ca	16.5～29.2	46.5～261.4	27

注：NT. 近危；VU. 易危；EN. 濒危；CR. 极危。D. 沉性卵；V. 黏性卵；P. 浮性卵。U. 中上层；L. 中下层；Dem. 底栖。De. 腐屑食性；Om. 杂食性；In. 无脊椎动物食性；Ca. 肉食性。

鱼类受威胁状态、生态和生物学信息见表 6-1。根据《中国脊椎动物红色名录》评估结果，大鼻吻鮈为近危，花斑裸鲤、黄河裸裂尻鱼、厚唇裸重唇鱼和拟鲇高原鳅为易危，黄河鮈和兰州鲇为濒危，黄河雅罗鱼为极危鱼类。以上 8 种受威胁鱼类除黄河鮈，其余均产沉性卵和黏性卵，除黄河雅罗鱼和兰州鲇分别主要栖息于中上层和中下层，其余鱼类均为底栖鱼类。

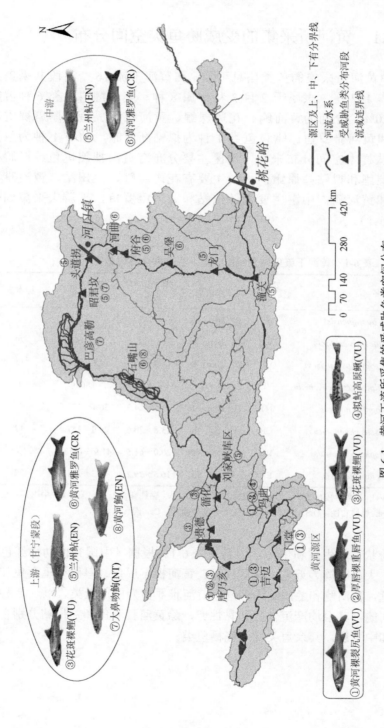

图 6-1 黄河干流所采集的受威胁鱼类空间分布

NT (Near Threatened), 近危; VU (Vulnerable), 易危; EN (Endangered), 濒危; CR (Critically Endangered), 极危

黄河在历史上（如 20 世纪 60 年代或 80 年代以前）有着丰富的渔业资源，随着人类活动的加剧，渔业资源量锐减，多样性降低。目前得到大多数学者公认致使黄河渔业资源衰退的主要原因有水利工程建设、水资源过度利用、不合理的捕捞、外来种入侵和局部水体污染（茹辉军等，2010；赵亚辉等，2020；Wang et al.，2021），使得鱼类生境遭到破坏，洄游通道受阻，生态需水量不足，土著种被外来种抢占生态位等。局部的水体污染不仅对鱼类生理、生化功能产生负面影响，还会降低其对栖息地的适宜性，对鱼卵、仔鱼及其饵料生物构成重大威胁，使得种群资源在短期内得不到补充（茹辉军等，2010；曹亮等，2016；赵亚辉等，2020）。正是以上诸多人类活动共同导致黄河鱼类资源衰退，多样性降低，受威胁鱼类增加。20 世纪 60 年代以前，厚唇裸重唇鱼、黄河裸裂尻鱼等还是黄河经济鱼类，在 2008~2010 年调查发现其数量稀少，在某些河段已难寻踪迹（唐文家等，2013）。流域内原先的一些资源性特有鱼类如北方铜鱼已濒临灭绝，珍稀、特有鱼类种数减少，受威胁鱼类种数增加（茹辉军等，2010；赵亚辉等，2020）。在 2007 年对甘肃和宁夏河段鱼类调查发现特有鱼类 10 种，而 2008 年仅发现 4 种（牛天祥等，2007；茹辉军等，2010）。受威胁鱼类变化方面，1998 年对黄河上游鱼类的评价发现 3 种已属濒危物种，2004 年则上升到 9 种（乐佩琦和陈宜瑜，1998；汪松和解焱，2004）。2016 年的评价发现，黄河极危鱼类有 4 种，濒危和易危鱼类各 10 种，近危鱼类 5 种（曹亮等，2016）。本次黄河鱼类受威胁状态评价依据蒋志刚等（2016）2016 年的最新评价标准，在黄河干流 16 个河段仅采集到 8 种共 102 尾处于受威胁状态的鱼类。因采样河段数量、采样方式及单次调查等条件限制，从资源量的角度来说，调查结果的代表性是有限的。当然，本研究重点关注的是水体污染中的重要污染物——金属在受威胁鱼类组织中含量、分布及污染程度。

6.2 鱼类稳定同位素及组织中痕量金属浓度

近危、易危、濒危和极危鱼类碳稳定同位素比值 $\delta^{13}C$ 分别为 –25.76‰、–25.08‰、–23.55‰和 –22.68‰，氮稳定同位素比值 $\delta^{15}N$ 分别为 13.10‰、10.62‰、11.73‰和 12.74‰，近危鱼类的 $\delta^{13}C$ 和 $\delta^{15}N$ 均值均高于易危、濒危和极危鱼类 [图 6-2 (a)]。$\delta^{13}C$ 均值排序为厚唇裸重唇鱼<拟鲇高原鳅<大鼻吻鮈<花斑裸鲤<黄河裸裂尻鱼<兰州鲇<黄河雅罗鱼<黄河鮈，且黄河雅罗鱼（–22.68‰）$\delta^{13}C$ 均值显著高于拟鲇高原鳅（–26.19‰）、大鼻吻鮈（–25.76‰）和花斑裸鲤（–25.21‰）（$p<0.05$）。$\delta^{15}N$ 均值排序为黄河鮈<拟鲇高原鳅<黄河裸裂尻鱼<厚唇裸重唇鱼<花斑裸鲤<兰州鲇<黄河雅罗鱼<大鼻吻鮈，且大鼻吻鮈（13.10‰）$\delta^{15}N$

均值显著高于拟鲇高原鳅（10.43‰）和黄河裸裂尻鱼（10.46‰）（$p<0.05$）[图 6-2（b）]。

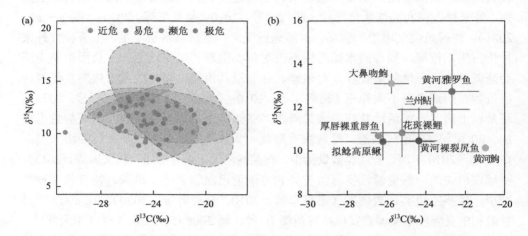

图 6-2　黄河干流所采集的不同受威胁状态鱼类 $\delta^{13}C$ 和 $\delta^{15}N$ 稳定同位素比值（a）及食物网特征图（b）

正如第 5 章所述，鱼类组织中的金属浓度与分布除了与金属和鱼类器官自身特性有关外，栖息环境中的浓度影响则是更重要的影响因素。环境异质性或是环境中金属浓度的空间、介质差异，食物来源与组成以及鱼类自身的生态特性如栖息水层、营养级的不同可能会共同导致鱼类金属浓度与分布的差异。整体来看，本研究中近危、濒危和极危鱼类的平均 $\delta^{15}N$ 值均高于易危鱼类 [图 6-2（a）]，而且大部分金属浓度在易危鱼类组织中是最低的（图 6-3）。一些金属在生物体会沿着食物链从低营养级到高营养级产生生物放大作用，有研究指出在一些湖泊中营养级相对较高鱼类（如肉食性鱼类）中金属含量相对较高（Jiang et al., 2018; Jiang et al., 2022）。

鱼类肌肉和性腺中 V 和 Pb 浓度在 4 种受威胁等级鱼类之间均无显著差异（$p>0.05$），肝脏中 Cr、肌肉中 Co、鳃中 Zn 和性腺中 Cd 浓度在 4 种受威胁等级鱼类之间无显著差异（$p>0.05$）（图 6-3）。其余金属在组织中至少两种受威胁等级鱼类之间有显著差异。如肌肉中 Fe 浓度极危＞濒危＞近危＞易危，极危鱼类中 Fe 浓度显著高于易危鱼类（$p<0.05$），但濒危、近危和易危鱼类之间无显著差异（$p>0.05$）；肝脏中 Fe 浓度在近危、濒危和极危鱼类之间无显著差异（$p>0.05$），但均显著高于易危鱼类（$p<0.05$）。鳃和性腺中 Sb 浓度在近危、易危和极危鱼类之间无显著差异，但均显著低于濒危鱼类（$p<0.05$）（图 6-3）。

第 6 章 痕量金属在黄河受威胁鱼类中生物富集特征及潜在风险

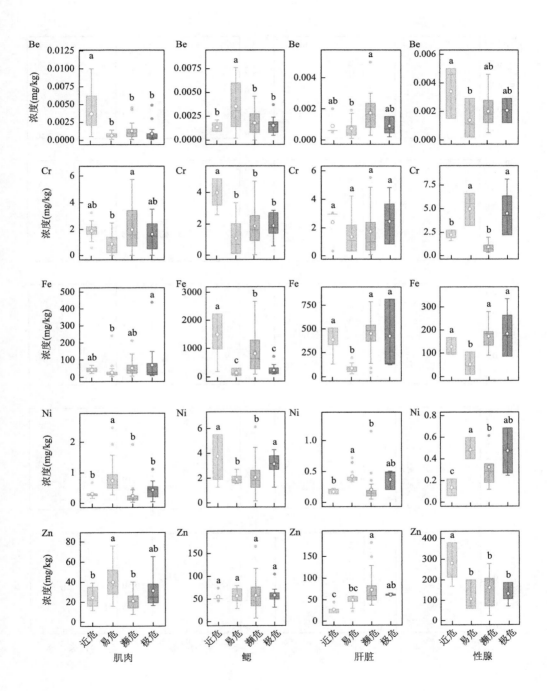

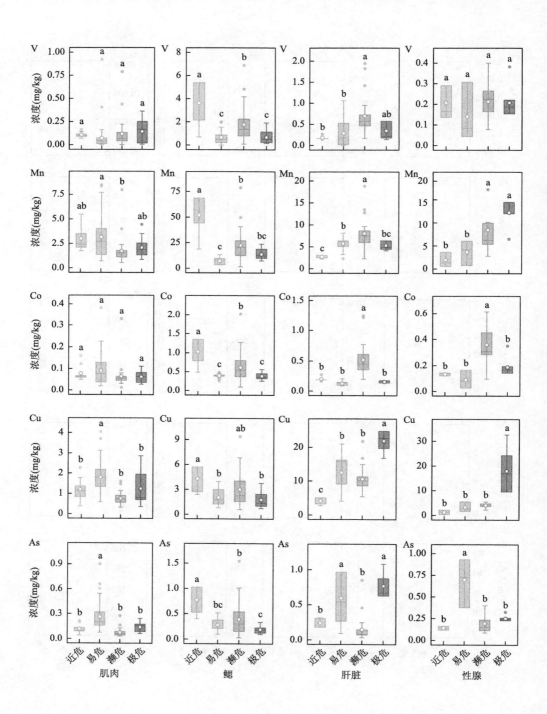

第6章 痕量金属在黄河受威胁鱼类中生物富集特征及潜在风险

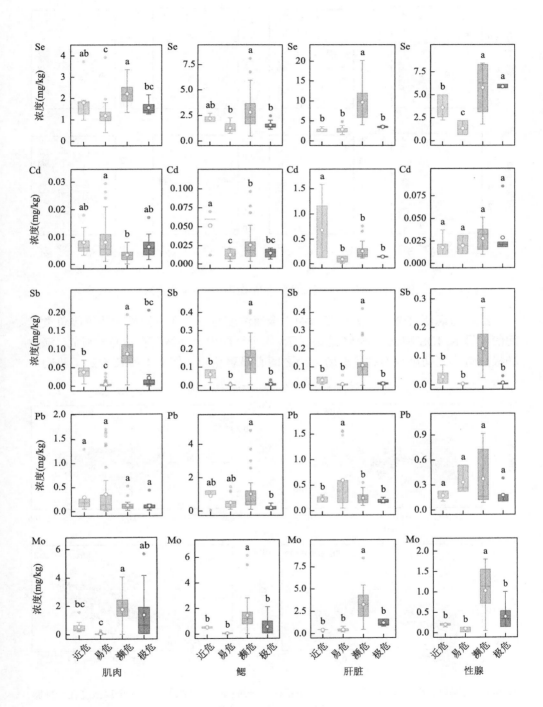

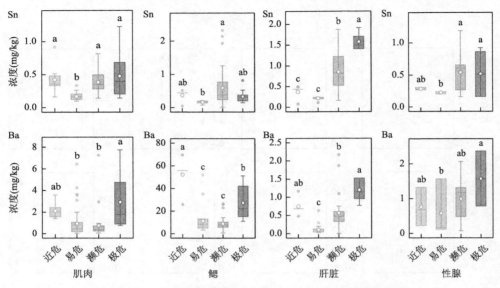

图 6-3 黄河不同受威胁状态鱼类组织中痕量金属浓度

综合考虑所有金属，分析各组织中金属浓度与分布在不同受威胁等级鱼类之间的差异 NMDS 和 ANOSIM 结果显示，4 个组织中金属浓度在近危、易危、濒危和极危鱼类之间至少两种受威胁等级之间有显著差异（图 6-4 和表 6-2）。肌肉中

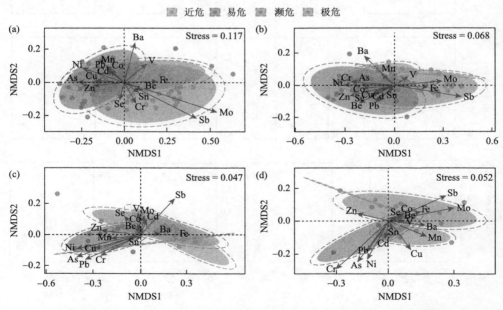

图 6-4 黄河鱼类组织［（a）肌肉；（b）鳃；（c）肝脏；（d）性腺］中痕量金属浓度在受威胁等级间的 NMDS 排序

金属浓度分布在易危与近危、濒危、极危鱼类之间均差异显著（$p<0.05$）；对于鳃中金属浓度分布来说，金属浓度分布除近危与濒危、易危与极危鱼类之间无显著差异（$p>0.05$），其他受威胁等级鱼类两两之间差异显著（$p<0.05$）；而对于肝脏和性腺，金属浓度分布除在近危与濒危鱼类之间无显著差异（$p>0.05$），其他受威胁等级鱼类之间均有显著差异（$p<0.05$）（表 6-2）。

表 6-2 鱼类组织中痕量金属浓度在不同受威胁状态间的相似性分析

组织	组间	R	p
肌肉（a）	近危-易危	**0.276**	**0.010**
	近危-濒危	−0.075	0.788
	近危-极危	0.020	0.360
	易危-濒危	**0.382**	**0.001**
	易危-极危	**0.229**	**0.001**
	濒危-极危	**0.102**	**0.028**
鳃（b）	近危-易危	**0.725**	**0.001**
	近危-濒危	0.089	0.095
	近危-极危	**0.621**	**0.001**
	易危-濒危	**0.385**	**0.001**
	易危-极危	0.066	0.077
	濒危-极危	**0.176**	**0.007**
肝脏（c）	近危-易危	**0.750**	**0.001**
	近危-濒危	0.087	0.185
	近危-极危	**0.261**	**0.042**
	易危-濒危	**0.742**	**0.001**
	易危-极危	**0.402**	**0.004**
	濒危-极危	**0.316**	**0.014**
性腺（d）	近危-易危	**0.445**	**0.002**
	近危-濒危	0.126	0.072
	近危-极危	**0.536**	**0.001**
	易危-濒危	**0.486**	**0.001**
	易危-极危	**0.257**	**0.019**
	濒危-极危	**0.167**	**0.035**

注：$p<0.05$ 的组加粗显示。

水体沉积物中金属含量占了相当大的比重，多数底栖鱼类与中上层鱼类相比，机体对某些金属具有更高的富集量，这可能跟其从沉积物中觅食并与之接触频繁有关（Burrows & Whitton, 1983; Jiang et al., 2018）。极危鱼类黄河雅罗鱼和濒危鱼类兰州鲇分别为中上层和中下层鱼类，其余均为底层鱼类。本研究中并没有发现底栖鱼类中金属含量高于其他水层的现象，这主要可能是因为黄河泥沙以悬移质为主，并且悬浮泥沙中的大部分金属浓度甚至高于沉积物有关。

6.3 痕量金属在鱼体的富集特征及潜在风险

6.3.1 生物富集系数

对不同受威胁等级鱼类组织平均富集系数 BF_W 值超过 1×10^3 L/kg、BF_{SPM} 值和 BF_S 值大于 1 的金属富集系数进行分析。近危鱼类鳃、易危和极危鱼类性腺对水体 Cr 的平均生物富集系数 BF_W 值均超过 5×10^3 L/kg，近危和极危鱼类肌肉和肝脏对水体 Cr 的平均 BF_W 值在 $2\times10^3\sim5\times10^3$ L/kg 之间；近危鱼类鳃对水体 Mn 和 Fe 的平均 BF_W 值均超过 5×10^3 L/kg；易危鱼类肝脏、极危鱼类肝脏和性腺对水体 Cu 的平均 BF_W 值在 $2\times10^3\sim5\times10^3$ L/kg 之间；易危鱼类肝脏对水体 Se 的平均 BF_W 值超过 5×10^3 L/kg，其他 3 个组织的平均 BF_W 值在 $2\times10^3\sim5\times10^3$ L/kg 之间；极危鱼类肝脏对水体 Sn 的平均 BF_W 值大于 5×10^3 L/kg，其余等级鱼类组织均对水体 Sn 的平均 BF_W 值在 $1\times10^3\sim5\times10^3$ L/kg 之间（图 6-5）。

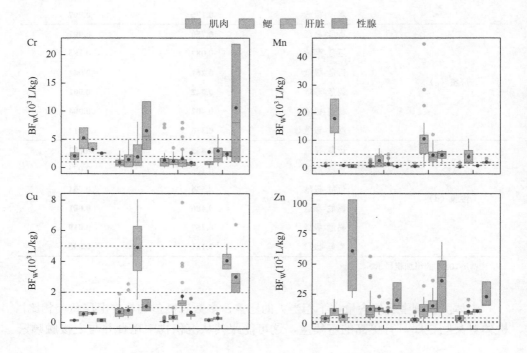

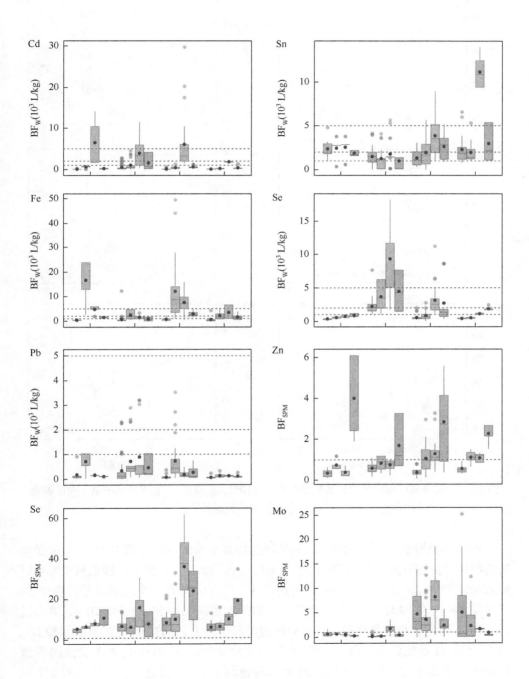

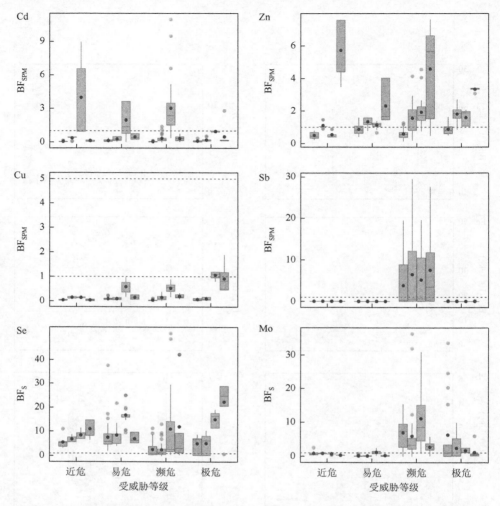

图 6-5 黄河不同受威胁状态鱼类组织对水体（10^3 L/kg 湿重）、悬浮物（干重）和沉积物（干重）中痕量金属富集因子

极危鱼类肝脏对悬浮物中 Cu 的平均生物富集系数 BF_{SPM} 值大于 1，4 个受威胁等级鱼类性腺对悬浮物中 Zn 的平均 BF_{SPM} 值均大于 1，濒危和极危鱼类鳃和肝脏对悬浮物中 Zn 的平均 BF_{SPM} 值也超过 1；所有鱼类的 4 个组织对悬浮物中 Se 的平均 BF_{SPM} 值均大于 1，濒危鱼类 4 个组织对悬浮物中 Sb 的平均 BF_{SPM} 值超过 1。易危、濒危和极危鱼类鳃、肝脏和性腺对沉积物中 Zn 的平均生物富集系数 BF_S 值大于 1，且近危鱼类性腺对沉积物中 Zn 的平均 BF_S 值超过 1；4 个受威胁等级鱼类的 4 个组织对沉积物中 Se 的平均 BF_S 值均大于 1，濒危和极危鱼类的 4 个组织对沉积物中 Mo 的平均 BF_S 值大于 1（图 6-5）。

6.3.2 潜在毒害风险评价

极危鱼类黄河雅罗鱼的 Fulton's 条件因子（K）值最高，平均值为 0.915 ± 0.102，濒危鱼类兰州鲇 K 值最低为 0.577 ± 0.117。近危鱼类大鼻吻鮈 K 值变化范围为 $0.630\sim0.843$，平均值为 0.740 ± 0.058；易危鱼类花斑裸鲤、黄河裸裂尻鱼、厚唇裸重唇鱼和拟鲇高原鳅的 K 值在 $0.630\sim1.119$ 之间，均值为 0.797 ± 0.118；濒危鱼类黄河鮈的 K 值为 0.799。整体而言，黄河干流所采集的 8 种受威胁鱼类的 Fulton's 条件因子 K 均值排序为黄河雅罗鱼＞花斑裸鲤＞黄河鮈＞厚唇裸重唇鱼＞大鼻吻鮈＞黄河裸裂尻鱼＞拟鲇高原鳅＞兰州鲇（图 6-6）。

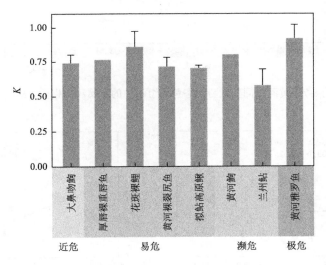

图 6-6 黄河不同受威胁状态鱼类的 Fulton's 条件因子（K）

对所采集的受威胁鱼类组织受金属潜在毒害风险分析发现，近危鱼类大鼻吻鮈鳃中金属污染指数（MPI）值最高，均值达到 1.813 ± 0.623。濒危鱼类兰州鲇和极危鱼类黄河雅罗鱼组织中 MPI 值整体要高于其他鱼类，其中兰州鲇组织 MPI 均值排序为鳃＞肝脏＞性腺＞肌肉，而黄河雅罗鱼组织 MPI 则是肝脏＞鳃＞性腺＞肌肉。易危鱼类花斑裸鲤、黄河裸裂尻鱼、厚唇裸重唇鱼和拟鲇高原鳅组织 MPI 值变化范围为 $0.066\sim0.869$。整体而言，黄河干流所采集的 8 种受威胁鱼类组织金属污染指数（MPI）值在鳃和肝脏中最高，性腺其次，肌肉最低（图 6-7）。进一步对受威胁鱼类的 Fulton's 条件因子（K）与组织中金属综合污染指数（MPI）之间的关系分析发现，K 与 4 个组织中的 MPI 之间均呈负相关关系。其中，对于肌肉（$R^2=0.003$，$p=0.625$）和性腺（$R^2=0.020$，$p=0.764$）

不显著，但 K 与鳃（$R^2 = 0.356$，$p < 0.001$）、肝脏（$R^2 = 0.187$，$p = 0.021$）中 MPI 之间显著相关（图 6-8）。

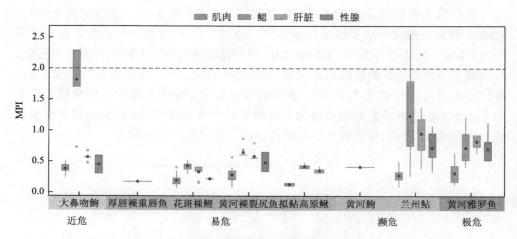

图 6-7　黄河不同受威胁状态鱼类组织中的金属污染指数（MPI）

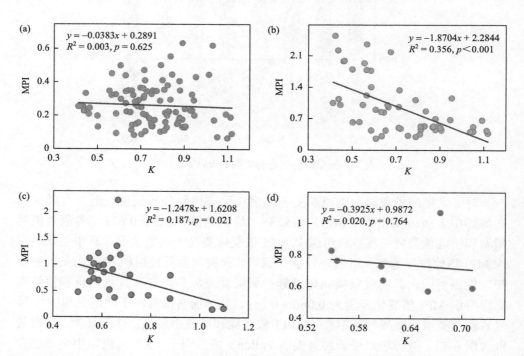

图 6-8　黄河受威胁状态鱼类的 Fulton's 条件因子（K）和金属污染指数（MPI）的相关性分析 [（a）肌肉；（b）鳃；（c）肝脏；（d）性腺]

鱼类在水环境中并不只受到某一种金属的影响，而是暴露在存在多种金属的环境下。因此，对其进行金属综合污染的评价更能反映其受毒害程度。有学者指出 MPI 可以用来反映鱼类受到多种金属共同毒害的潜在风险，MPI 值越高，认为组织受到毒害风险越高（Jamil et al.，2014）。当 10＜MPI＜20，预示着中等毒害；5＜MPI＜10，低毒害程度；2＜MPI＜5，极低程度；MPI＜2，预示着没有影响（毒害）（Jamil et al.，2014）。本研究中，近危鱼类大鼻吻鮈（分布于内蒙古巴彦高勒和昭君坟河段）鳃中 MPI 值最高，尽管均值达为 1.813，但变化范围为 0.733～2.290。说明大鼻吻鮈鳃中金属综合污染处于极低毒害程度。濒危鱼类兰州鲇鳃和肝脏中 MPI 均值虽然也小于 1，但仍有部分样品 MPI 值在 2～5 之间，这些样品主要分布在中游潼关河段，说明潼关河段兰州鲇受到了金属毒害。其余鱼类组织中 MPI 值均在 2 以下，即从致毒的角度来说，这些鱼类基本没有受到金属的毒害。有研究指出底栖鱼类更易从富含金属的沉积物中富集金属，因而其 MPI 值高于中上层鱼类（沈梦楠等，2018）。从本研究中 8 种受威胁鱼类栖息水层来看，未得出这样的结论，这可能还是跟黄河以悬移质为主高的泥沙含量、复杂的水动力条件及泥沙中相对较高的金属浓度有关。

Fulton's 条件因子（K）除了可以表征鱼类的健康状况或肥满度外，在生态学研究中还可用来反映鱼类所处的营养状况和所受到的环境压力（De Jonge et al.，2015）。研究指出 Fulton's 条件因子是表征鱼类健康状况的良好指标（Neff & Cargnelli，2004）。本研究中 K 值与鳃（$R^2 = 0.356$，$p<0.001$）、肝脏（$R^2 = 0.187$，$p = 0.021$）中 MPI 值之间呈显著负相关关系，对于肌肉和性腺，也是负相关关系，但未达显著水平。这和先前的一些研究发现鱼类 K 值和一些组织如于肌肉、鳃、肝脏和肾脏中 MPI 值之间显著负相关的结果一致（De Jonge et al.，2015；Ju et al.，2017）。痕量金属浓度或综合污染指数与鱼体条件因子呈负相关关系，其原因可能是组织对这些金属产生了稀释作用（Authman，2008；Kasimoglu，2014）。鱼类在生长过程中，面对如金属致毒等环境胁迫时，可能需要分配更多的能量来调节和减轻环境压力，导致能量储存减少，影响了生长发育（Couture & Pyle，2008；De Jonge et al.，2015）。也有研究发现鱼类肌肉中的 Hg 浓度随着 K 值增加而升高，即发生了生物富集（Noël et al.，2013；Łuczyńska et al.，2018）。当然，对于鱼类 Fulton's 条件因子（K）和金属浓度或污染程度之间的关系研究中，不同鱼种、不同金属的结果有所差异，这可能是因为鱼类在水环境中除了受金属污染，还会受到众多因素的影响，如食物来源与组成、捕食压力生境破坏等因素。

本研究中的 8 种受威胁鱼类主要产沉性卵和黏性卵，尽管没有涉及鱼卵中的金属浓度研究，但黄河高悬浮泥沙以及泥沙中相对较高的金属浓度不可避免地会对鱼卵产生负面作用，进而影响到鱼类生存繁衍，尤其是那些已处于受威胁状态的鱼类需要我们尤为关注。

6.4 小　　结

本章主要对所采集的黄河受威胁鱼类金属富集特征和毒害风险进行了研究。首先依据《中国脊椎动物红色名录》对所采集的鱼类进行了受威胁程度划分,探讨了其受威胁状态和空间分布。其次,结合碳、氮稳定同位素比值 $\delta^{13}C$ 和 $\delta^{15}N$ 水平和组织中金属浓度,分析了不同受威胁程度对金属的富集特征。最后,通过Fulton's条件因子(K)和金属污染指数(MPI),确定了黄河受威胁鱼类所受到的环境压力和金属综合毒害程度,并探讨了二者之间的关系,主要得到以下结论:

(1)在黄河干流16个河段共采集到受威胁鱼类8种。其中鲤科鱼类6种占所有鱼总数的75.0%。大鼻吻鮈为近危,花斑裸鲤、黄河裸裂尻鱼、厚唇裸重唇鱼和拟鲶高原鳅为易危,黄河鮈和兰州鲇为濒危,黄河雅罗鱼为极危鱼类。从样本空间分布来看,源区主要分布有黄河裸裂尻鱼、厚唇裸重唇鱼、花斑裸鲤和拟鲶高原鳅;上游主要有花斑裸鲤、兰州鲇、黄河雅罗鱼、大鼻吻鮈和黄河鮈;中游主要为兰州鲇和黄河雅罗鱼,下游未采集到受威胁鱼类。

(2)近危鱼类的 $\delta^{13}C$ 和 $\delta^{15}N$ 均值均高于易危、濒危和极危鱼类。鱼类4个组织中金属浓度在近危、易危、濒危和极危鱼类之间至少两种受威胁等级之间有显著差异。肌肉中金属浓度分布在易危与近危、濒危、极危鱼类之间均差异显著;对于鳃中金属浓度分布来说,金属浓度分布除近危与濒危、易危与极危鱼类之间无显著差异,其他受威胁等级鱼类两两之间差异显著;而对于肝脏和性腺,金属浓度分布除在近危与濒危鱼类之间无显著差异,其他受威胁等级鱼类之间均有显著差异。本研究中并没有发现底栖鱼类中金属含量或金属污染指数(MPI)高于其他水层的现象,这主要可能是因为黄河高的泥沙含量并且以悬移质为主,加之悬浮泥沙中的大部分金属浓度甚至高于沉积物有关。

(3)极危鱼类黄河雅罗鱼的Fulton's条件因子(K)值最高,濒危鱼类兰州鲇 K 值最低。上游内蒙古河段近危鱼类大鼻吻鮈的鳃及中游潼关河段濒危鱼类兰州鲇的鳃和肝脏受到了极低的金属毒害。金属污染指数与鱼体条件因子呈负相关关系,即鱼体条件因子在一定程度上可反映鱼类受金属毒害的状况。黄河高悬浮泥沙以及泥沙中相对较高的金属浓度可能会影响到鱼类生存繁衍,尤其是那些已处于受威胁状态的鱼类需要我们尤为关注。

参 考 文 献

曹亮, 张鹗, 臧春鑫, 等. 2016. 通过红色名录评价研究中国内陆鱼类受威胁现状及其成因. 生物多样性, 24(5): 598-609.

蒋志刚, 江建平, 王跃招, 等. 2016. 中国脊椎动物红色名录. 生物多样性, 24(5): 500-551.

李红娟, 袁永锋, 李引娣, 等. 2009. 黄河流域水生生物资源研究进展. 河北渔业, 10: 1-3.

李思忠. 2017. 黄河鱼类志. 青岛：中国海洋大学出版社.

牛天祥, 黄玉胜, 王欣. 2007. 黄河上游龙羊峡-青铜峡水电站建设对鱼类资源的影响预测及保护对策. 陕西师范大学学报（自然科学版）, 35（S1）: 56-61.

潘怀剑, 田家怡. 2001. 黄河三角洲水质污染对淡水鱼类多样性的影响. 水产科学, 4: 17-20.

茹辉军, 王海军, 赵伟华, 等. 2010. 黄河干流鱼类群落特征及其历史变化. 生物多样性, 18（2）: 169-176.

沈梦楠, 廉春玉, 李娜, 等. 2018. 长春市市售9种鱼类中重金属含量分析及健康风险评价. 淡水渔业, 48（4）: 95-100.

唐文家, 陈毅峰, 丁城志. 2013. 青海省湟水鱼类资源现状及保护对策. 大连海洋大学学报, 28（3）: 307-313.

汪松, 解焱. 2004. 中国物种红色名录. 第一卷. 北京：高等教育出版社.

王益昌, 沈红保, 张军燕, 等. 2017. 黄河干流陕西段鱼类种类组成及群落多样性. 淡水渔业, 47（1）: 56-60, 106.

武云飞, 吴翠珍. 1992. 青藏高原鱼类. 成都：四川科学技术出版社.

乐佩琦, 陈宜瑜. 1998. 中国濒危动物红皮书·鱼类. 北京：科学出版社.

赵亚辉, 邢迎春, 吕彬彬, 等. 2020. 黄河流域淡水鱼类多样性和保护. 生物多样性, 28（12）: 1496-1510.

Albuquerque F E A, Herrero-Latorre C, Miranda M, et al. 2021. Feasibility of using fish tissues to biomonitoring toxic and essential trace elements in the lower Amazon. Environmental Pollution, 283: 117024.

Alengebawy A, Abdelkhalek S T, Qureshi S R, et al. 2021. Heavy metals and pesticides toxicity in agricultural soil and plants: Ecological risks and human health implications. Toxics, 9（3）: 42.

Ali H, Khan E. 2018. Bioaccumulation of non-essential hazardous heavy metals and metalloids in freshwater fish. Risk to human health. Environmental Chemistry Letters, 16（3）: 903-917.

Authman M M N. 2008. Oreochromis niloticus as a biomonitor of heavy metal pollution with emphasis on potential risk and relation to some biological aspects. Global Veterinaria, 2（3）: 104-109.

Bakshi A, Panigrahi A K. 2018. A comprehensive review on chromium induced alterations in fresh water fishes. Toxicology Reports, 5: 440-447.

Benkwitt C E, Wilson S K, Graham N A. 2020. Biodiversity increases ecosystem functions despite multiple stressors on coral reefs. Nature Ecology & Evolution, 4（7）: 919-926.

Bervoets L, Knaepkens G, Eens M, et al. 2005. Fish community responses to metal pollution. Environmental Pollution, 138（2）: 338-349.

Burrows I G, Whitton B A. 1983. Heavy metals in water, sediments and invertebrates from a metal contaminated river free of organic pollution. Hydrobiologia, 106: 263-273.

Couture P, Kumar P R. 2003. Impairment of metabolic capacities in copper and cadmium contaminated wild yellow perch (*Perca flavescens*). Aquatic Toxicology, 64（1）: 107-120.

Couture P, Pyle G. 2008. Live fast and die young: Metal effects on condition and physiology of wild yellow perch from along two metal contamination gradients. Human and Ecological Risk Assessment, 14（1）: 73-96.

De Jonge M, Belpaire C, Van Thuyne G, et al. 2015. Temporal distribution of accumulated metal mixtures in two feral fish species and the relation with condition metrics and community structure. Environmental Pollution, 197: 43-54.

Dyer S D, White-Hull C E, Shephard B K. 2000. Assessments of chemical mixtures via toxicity reference values overpredict hazard to Ohio fish communities. Environmental Science & Technology, 34（12）: 2518-2524.

Eddy T D, Lotze H K, Fulton E A, et al. 2017. Ecosystem effects of invertebrate fisheries. Fish and Fisheries, 18（1）: 40-53.

Gavrilescu M, Demnerová K, Aamand J, et al. 2015. Emerging pollutants in the environment: Present and future challenges in biomonitoring, ecological risks and bioremediation. New Biotechnology, 32（1）: 147-156.

Ge M, Liu G J, Liu H Q, et al. 2020. Levels of metals in fish tissues of *Liza haematocheila* and *Lateolabrax japonicus* from the Yellow River Delta of China and risk assessment for consumers. Marine Pollution Bulletin, 157: 111286.

Islam M S, Hossain M B, Matin A, et al. 2018. Assessment of heavy metal pollution, distribution and source apportionment in the sediment from Feni River estuary, Bangladesh. Chemosphere, 202: 25-32.

Jamil T, Lias K, Norsila D, et al. 2014. Assessment of heavy metal contamination in squid (*Loligo* spp.) tissues of Kedah-Perlis waters, Malaysia. The Malaysian Journal of Analytical Sciences, 18 (1): 195-203.

Jia Y T, Kennard M J, Liu Y H, et al. 2020. Human disturbance and long-term changes in fish taxonomic, functional and phylogenetic diversity in the Yellow River, China. Hydrobiologia, 847 (18): 3711-3725.

Jiang X M, Wang J, Pan B Z, et al. 2022. Assessment of heavy metal accumulation in freshwater fish of Dongting Lake, China: Effects of feeding habits, habitat preferences and body size. Journal of Environmental Sciences, 112: 355-365.

Jiang Z G, Xu N, Liu B X, et al. 2018. Metal concentrations and risk assessment in water, sediment and economic fish species with various habitat preferences and trophic guilds from Lake Caizi, Southeast China. Ecotoxicology and Environmental Safety, 157: 1-8.

Ju Y R, Chen C W, Chen C F, et al. 2017. Assessment of heavy metals in aquaculture fishes collected from southwest coast of Taiwan and human consumption risk. International Biodeterioration & Biodegradation, 124: 314-325.

Kasimoglu C. 2014. The effect of fish size, age and condition factor on the contents of seven essential elements in *Anguilla anguilla* from Tersakan Stream Mugla (Turkey). Journal of Pollution Effects & Control, 2 (2): 1-6.

Kennedy C J. 2011. The Toxicology of Metals in Fishes. *In*: Farrell A P. Encyclopedia of Fish Physiology: From Genome to Environment. Amsterdam: Elsevier, 1: 2061-2068.

Liu H Q, Liu G J, Wang S S, et al. 2018. Distribution of heavy metals, stable isotope ratios ($\delta^{13}C$ and $\delta^{15}N$) and risk assessment of fish from the Yellow River Estuary, China. Chemosphere, 208: 731-739.

Liu J H, Cao L, Dou S Z, et al. 2019. Trophic transfer, biomagnification and risk assessments of four common heavy metals in the food web of Laizhou Bay, the Bohai Sea. Science of the Total Environment, 670: 508-522.

Łuczyńska J, Paszczyk B, Łuczyński M J. 2018. Fish as a bioindicator of heavy metals pollution in aquatic ecosystem of Pluszne Lake, Poland, and risk assessment for consumer's health. Ecotoxicology and Environmental Safety, 153: 60-67.

Neff B D, Cargnelli L M. 2004. Relationships between condition factors, parasite load and paternity in bluegill sunfish, *Lepomis macrochirus*. Environmental Biology of Fishes, 71 (3): 297-304.

Noël L, Chekri R, Millour S, et al. 2013. Distribution and relationship of As, Cd, Pb and Hg in freshwater fish from five French fishing areas. Chemosphere, 90: 1900-1910.

Olden J D, Rooney T P. 2006. On defining and quantifying biotic homogenization. Global Ecology and Biogeography, 15 (2): 113-120.

Paschoalini A L, Bazzoli N. 2021. Heavy metals affecting Neotropical freshwater fish: A review of the last 10 years of research. Aquatic Toxicology, 237: 105906.

Qi D L. 2016. Fish of the Upper Yellow River. *In*: Brierley G J, Li X L, Cullum C, et al. Landscape and Ecosystem Diversity, Dynamics and Management in the Yellow River Source Zone. Berlin Heidelberg: Springer, 233-252.

Sfakianakis D G, Renieri E, Kentouri M, et al. 2015. Effect of heavy metals on fish larvae deformities: A review. Environmental Research, 137: 246-255.

Wang J, Chen L, Tang W J, et al. 2021. Effects of dam construction and fish invasion on the species, functional and phylogenetic diversity of fish assemblages in the Yellow River Basin. Journal of Environmental Management, 293: 112863.

Yan N, Liu W B, Xie H T, et al. 2016. Distribution and assessment of heavy metals in the surface sediment of Yellow River, China. Journal of Environmental Sciences, 39: 45-51.

Yi Y J, Tang C H, Yi T C, et al. 2017. Health risk assessment of heavy metals in fish and accumulation patterns in food web in the upper Yangtze River, China. Ecotoxicology and Environmental Safety, 145: 295-302.

第 7 章 人类活动对黄河水环境及鱼类中痕量金属的影响

痕量金属，尤其是重金属，对水体造成的污染成为全球备受关注和担忧的环境问题，且具有难降解性，一旦达到一定浓度，就会对环境产生负面影响（Abuduwaili et al.，2015）。除了基岩侵蚀、风化等自然来源，环境中的金属更多的还是由于人类活动产生。如人口增加导致的生活污水排放，农业生产过程中农药大量使用，矿山开采、冶炼以及工企业废、污水不达标的排放等，这些废、污水以及随径流带来众多包括金属在内的污染物（Mucha et al.，2003；Förstner & Wittmann，2012）。因而，河流作为众多污染物的汇集与受纳环境，其水环境介质中和水生生物体内金属浓度与分布在一定程度上与流域或区域内一些人类活动带来的与金属相关的污染相关。

人口增加、工农业发展以及对自然资源的开发利用势必会导致一系列环境问题出现，如生活污水、工业废污水等排放量增加而导致的金属等污染问题（Zhang et al.，2017；Su et al.，2011）。尽管人们水环境保护意识在不断提高，为水污染防控做出众多努力，如清洁能源的开发、污水处理设施的投入使用等使得这些富含金属等污染物的废、污水在进入水环境前得到一定的净化处理，但还是有部分未经处理的废、污水不可避免地进入河流等水体（Abraham，2011；Suthar et al.，2010；Sun et al.，2017）。社会经济的发展在一定程度上是建立在对自然资源开发利用和生态环境损害的基础上的，尤其是在发展中国家最为明显（Liu et al.，2016；Yang et al.，2019）。矿山开采、金属冶炼、电镀、石油化工和印染等产生富含金属的工业废水、废弃物以及化肥和农药等进入水体，当这些水资源被用作饮用供水和作物灌溉时就会对人体健康产生巨大风险（Gupta et al.，2008；Nouri et al.，2008；Vareda et al.，2019；李婷等，2020）。这些携带金属的废水、污水及废弃物有些直接进入水环境，即便是进入土壤最终也会通过地表径流等方式被运输到邻近的水体中，严重影响水生生态系统，使水不适合人类饮用、农业灌溉等（Khan et al.，2018）。

土地覆盖/利用类型可以用来潜在评价土壤金属浓度，如耕地、建设用地和森林等土地覆盖可能代表了不同类型的污染（如农业区的杀虫剂应用、某种工业生产活动），这在一定程度上可作为众多不易量化的非点源或历史遗留金属来源的反映（Davis et al.，2014）。耕地和建设用地等土地覆盖可能反映的是农业、工业等人类活动影响，而森林、草地更多代表的是自然状况，当然也有一些人为参与，如有目标、有意识的植树造林活动。研究指出，自然状况如天然林草植被或人类有意识、有目标实施的一些工程措施如植树造林、坡沟改造等有助于修复或是减缓金属污染等环境问题（江英辉等，2017；孙芹芹等，2020）。一些自然或是人工湿地通过植被、土壤及其微生物种群的自然功能可有效去除径流带来的一些金属等污染物（Mays & Edwards，2001；Knox et al.，2021）。

黄河自西向东横跨九省（区），流域内地质、地貌，社会经济状况，工农业分布及人类活动强度、植被类型与覆盖状况在不同区域都存在差异。这些已在绪论部分进行了详细的介绍，此处不再赘述。需要关注的是，除了黄河源区，其他部分区域，尤其是上中游流域泥沙侵蚀严重。而包括金属在内的众多污染物随坡面径流进入水体并沿着黄河向渤海持续迁移输送。在这种动态的输移过程中，从流域尺度研究人类活动及土地利用状况对水环境介质和鱼类中金属浓度分布的影响有助于从宏观上理解社会经济发展与生态环境质量之间的关系和过程。

7.1 黄河流域土地利用和社会经济状况

表 7-1 和图 7-1 显示了 2017 年黄河流域的 7 个子流域土地覆盖现状。其中，耕地（%耕地）和不透水地表（%不透水地表）的面积占比归为人类活动指标。7 个子流域%耕地大小排序为Ⅰ<Ⅱ<Ⅲ<Ⅳ<Ⅵ<Ⅴ<Ⅶ，主要位于源区的区域Ⅰ主耕地占比仅为 0.707%，主要位于山东段的区域Ⅶ主要以耕地为主，占比达到 74.791%；%不透水地表除了区域Ⅲ>Ⅳ外，也是按着Ⅰ~Ⅶ依次增加；森林占比（%森林）区域Ⅰ、Ⅲ和Ⅶ最小分别为 1.196%、1.172%和 6.849%，区域Ⅴ和Ⅵ最高，分别达到 30.471%和 50.818%；草地占比（%草地）区域Ⅰ、Ⅱ和Ⅳ均超过了 50%，而区域Ⅵ和Ⅶ占比最低，分别为 4.425%和 2.876；灌丛占比（%灌丛）整个流域均不高，最高为区域Ⅳ仅为 2.183%；湿地占比（%湿地）均在 1%以下；裸地占比（%裸地）区域Ⅰ和Ⅲ相对较高，分别为 10.522%和 35.543%，区域Ⅱ和Ⅳ分别为 3.986%和 3.570%，其余 3 个区域占比均在 1%以下。

表 7-1 黄河流域 2017 年 7 个子流域土地覆盖（耕地、不透水地表、森林、草地、灌丛、湿地和裸地百分比）

子流域	%耕地（%）	%不透水地表（%）	%森林（%）	%草地（%）	%灌丛（%）	%湿地（%）	%裸地（%）
Ⅰ	0.707	0.229	1.196	85.088	0.060	0.363	10.522
Ⅱ	15.241	2.331	13.585	63.746	0.298	0.138	3.986
Ⅲ	18.779	3.766	1.172	39.761	0.227	0.195	35.543

续表

子流域	%耕地（%）	%不透水地表（%）	%森林（%）	%草地（%）	%灌丛（%）	%湿地（%）	%裸地（%）
IV	24.662	2.870	16.055	50.276	2.183	0.031	3.570
V	39.982	4.161	30.471	23.412	0.903	0.077	0.719
VI	36.250	5.792	50.818	4.245	1.636	0.040	0.092
VII	74.791	10.629	6.849	2.876	1.077	0.256	0.278

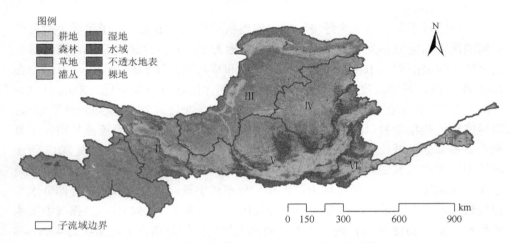

图 7-1　黄河流域 2017 年 7 个子流域土地覆盖

2017 年黄河流域 7 个子流域社会经济状况和工农业相关状况如表 7-2 所示。主要位于黄河源区的区域 I 人口密度仅为 5.731 人/km^2，区域 IV 为 97.580 人/km^2，区域 VII 最高为 1506.315 人/km^2；平均 GDP 区域 I 最低，仅为 14.893 万元/km^2，区域 III 和 VII 最高，分别为 13 373.065 万元/km^2 和 12 217.169 万元/km^2；规模以上工业企业数区域 I 最低，仅 49 个，区域 III~VI 在 1000~7000 个之间，区域 VII 最高达 12 224 个；农作物总播种面积占比仍然是区域 I 最低为 0.413%，区域 II、III 和 IV 占比在 10%~20% 之间，区域 V、VI 和 VII 占比分别为 44.352%、66.107% 和 111.287%。

表 7-2　黄河流域 7 个子流域人口密度、平均 GDP、规模以上工业企业数和农作物总播种面积占比

子流域	人口密度（人/km^2）	平均 GDP（万元/km^2）	规模以上工业企业数（个）	农作物总播种面积比（%）
I	5.731	14.893	49	0.413
II	270.895	928.433	756	10.923
III	427.625	13 373.065	2 883	17.002

续表

子流域	人口密度（人/km²）	平均GDP（万元/km²）	规模以上工业企业数（个）	农作物总播种面积比（%）
IV	97.580	475.874	1 450	13.792
V	936.295	8 282.126	6 221	44.352
VI	996.405	6 918.957	6 182	66.107
VII	1 506.315	12 217.169	12 224	111.287

黄河流域不同区域社会经济和土地覆盖状况存在一定差异。子流域Ⅰ所处的黄河源区人口密度不到 6 人/km²，主要以草地为主，其占比超过 85%。黄河源区约占整个流域面积的 16%，主要以高寒草原和草甸为主（Yuan et al.，2015）。在 2005 年以前，长期过度放牧和气候变暖的共同作用导致草地退化（Zhou et al.，2005），2015 年草地覆盖占比约为 80%（Yuan et al.，2015），2017 年则超过了 85%，这可能跟近些年禁牧以及生态保护区的建立有关。子流域Ⅲ主要覆盖甘肃、宁夏和内蒙古部分区域，其中分布有兰州、包头等重工业城市。本研究发现 2017 年子流域Ⅲ相关的区域工业企业数为 2883 个，平均 GDP 达 13 373.065 万元/km²，是这 7 个区域中最高的。子流域Ⅲ、IV 和 V 分布在宁夏、内蒙古和陕西等部分水土流失较为严重的区域，尤其是子流域Ⅲ裸地占比达到了 35.543%。根据《中国水土保持公报（2018 年）》，内蒙古和陕西水土流失面积分别占土地面积的 49.6%和 31.9%，和 2011 年相比，水土流失得到一定程度的改善（中华人民共和国水利部，2018）。这 3 个区域耕地和草地占比也相对较大，反映出宁夏青铜峡灌区、内蒙古三盛公灌区和河套灌区、汾渭盆地的现代农业发展状况，当然这也会为黄河水环境带来不小的面源污染（张金萍和肖宏林，2020；陶园等，2021）。子流域Ⅵ有较高的耕地和森林覆盖率，占比分别为 36.250%和 50.818%，而区域Ⅶ主要以耕地为主，占比近 75%。河南、山东段人口相对密集，并且分布有多个工农业生产区，是主要的经济带，同时也带来了包括金属污染等诸多环境问题（李华栋等，2019；左其亭等，2021）。

7.2 人类活动对水环境中金属浓度分布的影响

7.2.1 水环境介质中痕量金属浓度因子分析

黄河干流水体 17 种金属浓度因子分析结果见表 7-3。Kaiser-Meyer-Olkin 值为 0.903，Bartlett 球形检验对应 p 值小于 0.001，即非常适合进行因子分析。水体金属浓度通过因子分析提取得到组内相互独立的 4 个公因子（4 类金属），累计方差贡献率为 73.776%。其中第一类金属为 Mo、Se、V、Cd、Ba、Cu、Sb、Zn、Cr、As、Ni 和 Co；第二类金属为 Mn 和 Fe；第三类金属为 Be 和 Pb；第四类金属为 Sn。同时，计算旋转后的 4 个公因子得分，结果分别用 Y_{w1}、Y_{w2}、Y_{w3} 和 Y_{w4} 表示。

表 7-3 黄河水体痕量金属浓度的因子分析结果

KMO 和 Bartlett 检验结果		
Kaiser-Meyer-Olkin 检验		0.903
Bartlett 球形检验	卡方值	1702.965
	自由度	136
	显著性	<0.001

旋转后的成分矩阵				
金属	成分 1	成分 2	成分 3	成分 4
Mo	0.962	0.104	0.064	0.071
Se	0.911	0.021	0.146	0.152
V	0.908	−0.101	0.206	0.159
Cd	0.895	0.275	0.020	0.108
Ba	0.841	0.112	0.014	0.159
Cu	0.841	0.159	0.179	0.157
Sb	0.743	0.201	−0.015	0.072
Zn	0.734	0.204	−0.061	−0.066
Cr	0.733	0.213	−0.421	−0.019
As	0.694	−0.233	0.385	−0.038
Ni	0.621	0.238	0.353	0.464
Co	0.520	0.194	0.466	0.377
Mn	0.081	0.885	0.026	0.081
Fe	0.573	0.622	0.113	−0.020
Be	0.112	−0.120	−0.697	0.163
Pb	0.363	−0.144	0.445	0.265
Sn	−0.011	−0.039	0.103	−0.904
方差百分比（%）	47.301	9.511	8.704	8.260
累积（%）	47.301	56.812	65.516	73.776

公因子	
第一类金属	Mo, Se, V, Cd, Ba, Cu, Sb, Zn, Cr, As, Ni, Co
第二类金属	Mn, Fe
第三类金属	Be, Pb
第四类金属	Sn

注：提取方法为主成分分析法；旋转方法为方差最大正交旋转法。

悬浮物中 17 种金属浓度因子分析，Kaiser-Meyer-Olkin 值为 0.609，Bartlett 球形检验对应 p 值小于 0.001，说明可以进行因子分析。悬浮物中金属浓度通过因子分析提取得到组内相互独立的 5 个公因子（5 类金属），累计方差贡献率为 77.709%。其中第一类金属为 Ni、V、Cu、Be、Co、Mn 和 Ba；第二类金属为 Sb 和 As；第三类金属为 Zn、Fe 和 Cr；第四类金属为 Sn 和 Se；第五类金属为 Cd、Pb 和 Mo。同时，计算旋转后的 5 个公因子得分，结果分别用 $Y_{SPM}1$、$Y_{SPM}2$、$Y_{SPM}3$、$Y_{SPM}4$ 和 $Y_{SPM}5$（表 7-4）。

表 7-4 黄河悬浮物中痕量金属浓度的因子分析结果

KMO 和 Bartlett 检验结果			
Kaiser-Meyer-Olkin 检验			0.609
Bartlett 球形度检验	卡方值		501.487
	自由度		136
	显著性		<0.001

旋转后的成分矩阵					
金属	成分 1	成分 2	成分 3	成分 4	成分 5
Ni	0.949	0.014	0.079	−0.054	0.151
V	0.895	0.099	0.132	0.098	0.147
Cu	0.841	−0.129	0.115	0.316	−0.012
Be	0.782	−0.109	0.244	0.198	0.090
Co	0.744	0.229	0.279	0.145	0.322
Mn	0.719	0.350	0.404	−0.207	−0.056
Ba	0.487	0.320	−0.277	0.445	−0.392
Sb	0.081	0.904	−0.130	−0.121	0.213
As	0.012	0.855	0.302	0.110	−0.053
Zn	0.381	0.235	0.765	0.102	0.009
Fe	−0.108	−0.065	−0.683	0.071	−0.070
Cr	0.429	−0.150	0.605	0.405	−0.003
Sn	−0.023	−0.108	0.020	0.808	−0.039
Se	0.369	0.226	0.109	0.728	0.004
Cd	0.246	0.090	0.067	−0.259	0.695
Pb	0.445	0.027	−0.295	0.395	0.634
Mo	−0.101	0.545	0.330	0.159	0.597
方差百分比（%）	29.901	13.613	12.664	12.063	9.468
累积（%）	29.901	43.515	56.178	68.241	77.709

续表

公因子	
第一类金属	Ni, V, Cu, Be, Co, Mn, Ba
第二类金属	Sb, As
第三类金属	Zn, Fe, Cr
第四类金属	Sn, Se
第五类金属	Cd, Pb, Mo

注：提取方法为主成分分析法；旋转方法为方差最大正交旋转法。

沉积物中 17 种金属浓度因子分析，Kaiser-Meyer-Olkin 值为 0.807，Bartlett 球形检验对应 p 值小于 0.001，说明非常适合进行因子分析。沉积物中金属浓度通过因子分析提取得到 3 个公因子（3 类金属），累计方差贡献率为 88.060%。第一类金属为 Co、Ni、Pb、Be、Cr、V、Zn、Mn、As、Fe、Cu 和 Sn；第二类金属为 Cd、Mo、Sb 和 Se；第三类金属为 Ba。同时，计算旋转后的 3 个公因子得分，结果分别用 Y_S1、Y_S2 和 Y_S3 表示（表 7-5）。

表 7-5 黄河沉积物中痕量金属浓度的因子分析结果

KMO 和 Bartlett 检验结果		
Kaiser-Meyer-Olkin 检验		0.807
Bartlett 球形度检验	卡方值	3649.454
	自由度	136
	显著性	<0.001
旋转后的成分矩阵		
金属	成分 1	成分 2	成分 3
Co	0.974	0.156	0.084
Ni	0.962	0.110	0.131
Pb	0.935	0.162	0.155
Be	0.933	0.189	−0.122
Cr	0.919	−0.105	0.309
V	0.908	−0.247	0.292
Zn	0.891	0.375	−0.107
Mn	0.876	0.016	0.407
As	0.858	0.154	−0.254
Fe	0.845	−0.459	0.209
Cu	0.794	0.410	−0.004
Sn	0.771	−0.587	0.027

续表

金属	旋转后的成分矩阵		
	成分1	成分2	成分3
Cd	0.229	0.918	−0.077
Mo	0.188	0.826	0.258
Sb	−0.077	0.754	−0.424
Se	−0.044	−0.689	0.306
Ba	0.142	−0.197	0.887
方差百分比（%）	56.712	21.560	9.787
累积（%）	56.712	78.272	88.060
公因子			
第一类金属	Co、Ni、Pb、Be、Cr、V、Zn、Mn、As、Fe、Cu、Sn		
第二类金属	Cd、Mo、Sb、Se		
第三类金属	Ba		

注：提取方法为主成分分析法；旋转方法为方差最大正交旋转法。

7.2.2 人类活动与水环境和鱼类中痕量金属之间的关系

黄河水环境介质中金属浓度和人类活动相关指标、自然变量之间具有一定的相关性。水体中大部分金属（除 Be 和 Sn）与人类活动相关指标如人口密度、平均 GDP、规模以上工业企业数、农作物总播种面积占比、%耕地和%不透水地表之间呈正相关关系且大部分金属如 V、Cr、Fe 等极显著（$p<0.001$），与自然变量%草地和%湿地之间具有一定程度的负相关关系［图 7-2（a）］。和水体相比，悬浮物中大部分金属与人类活动指标和自然变量之间的相关性程度较低，但仍然可以看出 Be、V、Fe、Ni、Cu、Ba 和 Pb 与人类活动相关指标正相关，与自然变量%草地和%湿地之间具有一定程度的负相关关系［图 7-2（b）］。沉积物中大部分金属（除 Mo、Cd 和 Sb）与人类活动相关指标之间呈显著正相关关系（$p<0.05$），与自然变量%草地和%湿地之间具有一定程度的负相关关系（除 Mo、Cd 和 Sb）［图 7-2（c）］。

水体中第一类和第二类金属对应的公因子 Y_{W1} 和 Y_{W2} 分别随着人类活动相关指标人口密度、平均 GDP、规模以上工业企业数、农作物总播种面积占比、%耕地和%不透水地表的增加而呈线性显著升高（$p<0.001$）［图 7-3（a）～（l）］；Y_{W1} 随着自然变量%草地（$p<0.001$）和%湿地（$p<0.01$）增加而呈线性显著降低［图 7-3（m）、（o）］，Y_{W2} 随着%草地增加而呈线性显著降低（$p<0.01$），但与%湿地之间无显著相关性（$p>0.05$）［图 7-3（n）、（p）］。和水体一样，悬浮物中第一、第二和第四类金属对应的公因子 Y_{SPM1}、Y_{SPM2} 和 Y_{SPM4} 分别随着人类

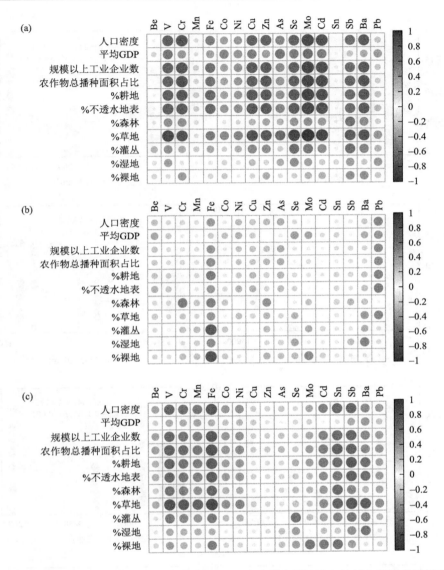

图 7-2 水体（a）、悬浮物（b）、沉积物（c）中痕量金属浓度与流域人类活动指标及自然变量的相关性分析

活动相关指标的增加而呈线性显著升高（$p<0.05$）[图 7-4（a）~（o）]，随着自然变量%草地和%湿地增加而呈线性显著降低（$p<0.05$）[图 7-4（p）~（t）]。沉积物中第一类金属对应的公因子 $Y_{S}1$ 随着人类活动相关指标的增加而呈线性显著升高（$p<0.01$）[图 7-5（a）~（f）]，随着自然变量%草地和%湿地增加而呈线性显著降低（$p<0.01$）[图 7-5（g）、（h）]。

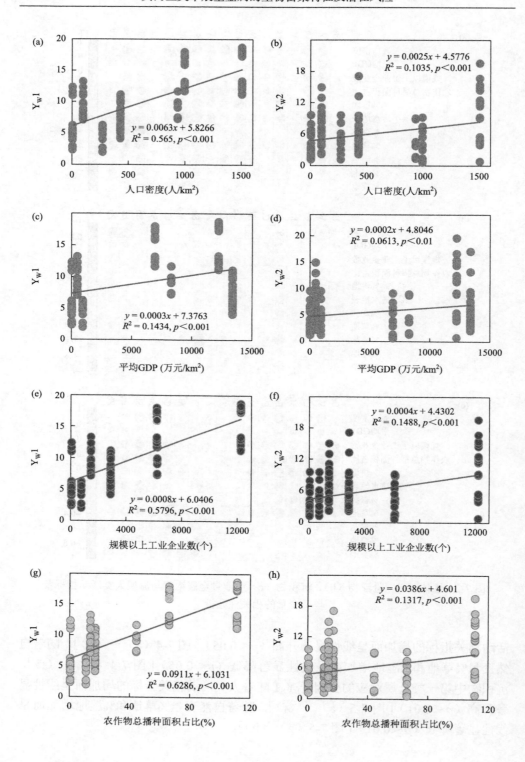

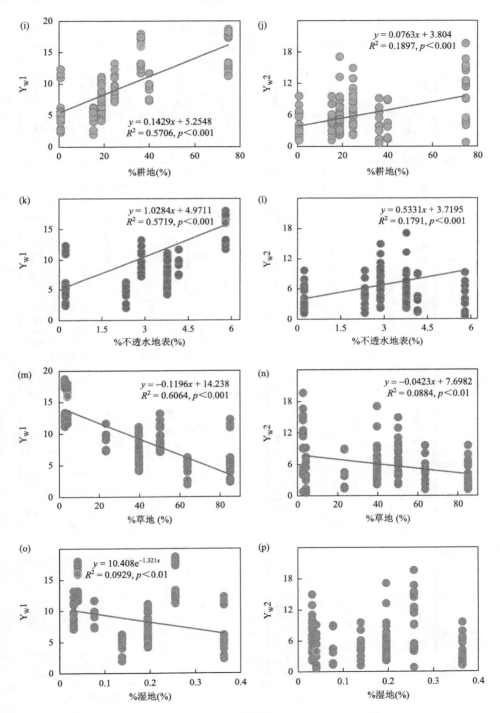

图 7-3　水体痕量金属浓度与流域人类活动指标及自然变量的回归分析

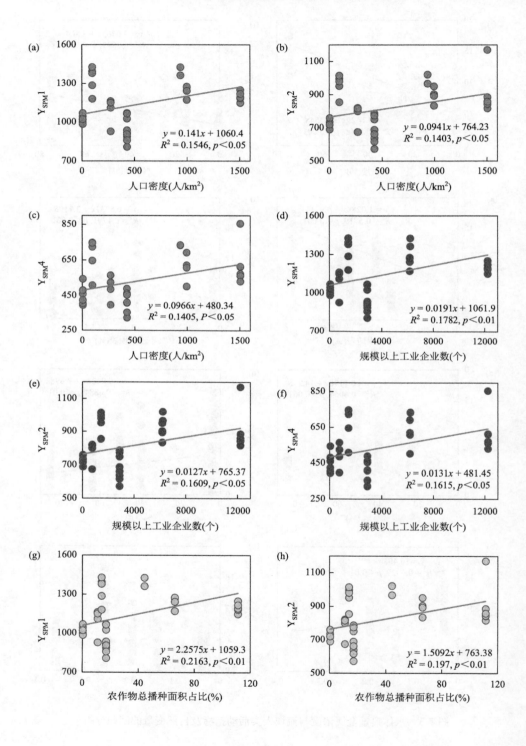

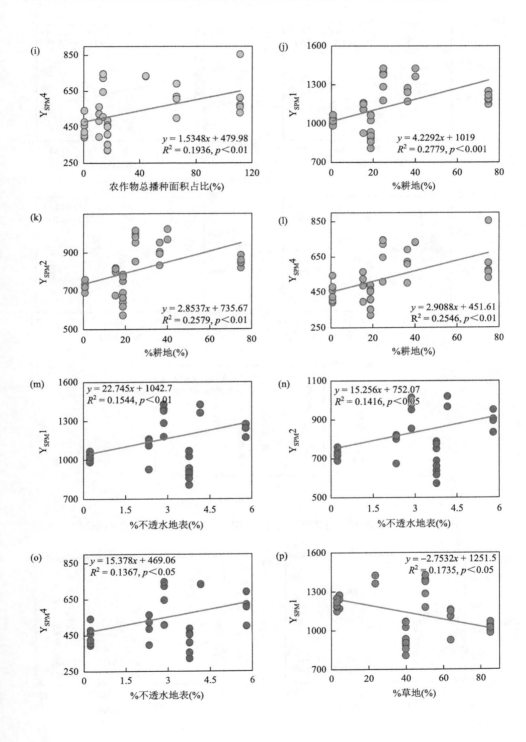

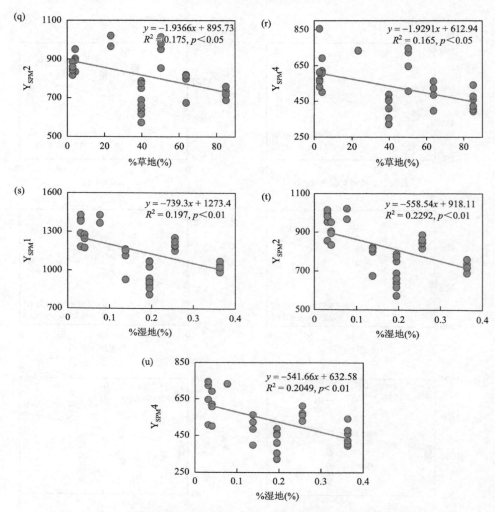

图 7-4 悬浮物中痕量金属浓度与流域人类活动指标及自然变量的回归分析

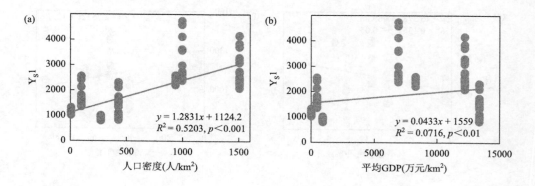

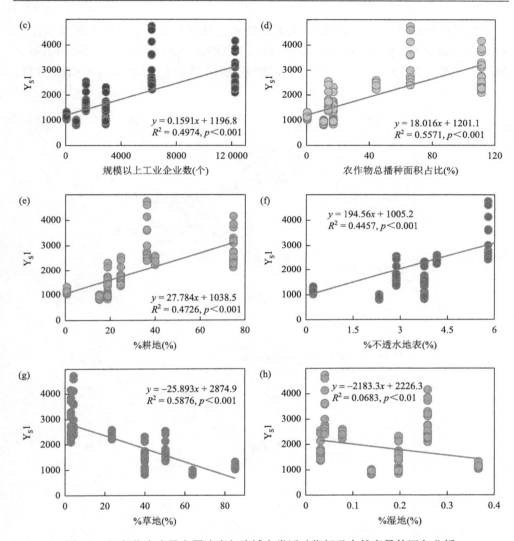

图 7-5 沉积物中痕量金属浓度与流域人类活动指标及自然变量的回归分析

进一步以人类活动指标、自然变量和水环境介质中金属浓度分布作为潜变量，分别与水体、悬浮物和沉积物中金属浓度公因子（显著的）之间建立偏最小二乘路径模型（PLS-PM）（图 7-6）。所有模型组合信度系数>0.7，平均抽取变异量（AVE）值>0.5，Cronbach's α 系数>0.7，潜变量的 R^2 值>0.3，因子载荷最小值接近 0.6，表明模型具有一定的合理性。结果发现，人类活动对水体、悬浮物和沉积物中金属浓度分布具有直接的正向影响，路径系数分别为 0.532、0.214 和 0.327；而自然变量对其则是直接的负面影响，路径系数分别为-0.304、-0.432 和-0.487。水体和沉积物中金属浓度分布作为内生潜变量，其 R^2 值分别为 0.644 和

0.589，说明路径模型预测良好，人类活动和自然变量解释了水体金属浓度分布（distribution of MCW）中 64.4%的变异，解释了沉积物中金属浓度分布（distribution of MCS）中 58.9%的变异。内生潜变量悬浮物中金属浓度分布（distribution of MCSPM）

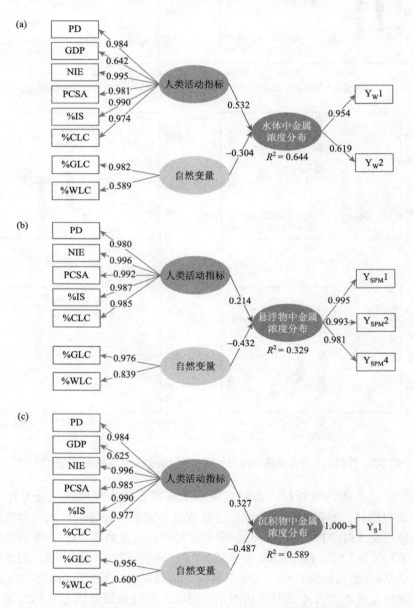

图 7-6　水体（a）、悬浮物（b）、沉积物（c）中痕量金属浓度分布与流域人类活动指标及自然变量关系的偏最小二乘路径模型（PLS-PM）

第 7 章　人类活动对黄河水环境及鱼类中痕量金属的影响

R^2 值为 0.329，说明该潜变量的预测能力相对较弱，即人类活动和自然变量解释了悬浮物中金属浓度分布中 32.9%的变异。

由第 4 和第 5 章可知，水环境介质中部分金属与鱼类组织中对应金属浓度之间具有显著正相关性。如黄河干流鱼类肌肉与水体中 Cr-Cr（$r=0.30$，$p<0.001$）、Mo-Mo（$r=0.40$，$p<0.001$）、Sb-Sb（$r=0.44$，$p<0.001$）显著正相关；肌肉与悬浮物中 Be-Be（$r=0.14$，$p<0.001$）和 Mn-Mn（$r=0.08$，$p=0.015$）显著正相关；沉积物中 Cr-Cr（$r=0.28$，$p<0.001$）和 Cu-Cu（$r=0.19$，$p<0.001$）显著正相关（图 5-7）。鳃与水体中 Cr-Cr（$r=0.23$，$p<0.001$）、Zn-Zn（$r=0.23$，$p<0.001$），悬浮物中 Cu-Cu（$r=0.14$，$p<0.05$），沉积物中 Cr-Cr（$r=0.36$，$p<0.001$）显著正相关；肝脏与水体中 Cr-Cr（$r=0.40$，$p<0.001$），悬浮物中 Zn-Zn（$r=0.32$，$p<0.001$），沉积物中 Zn-Zn（$r=0.29$，$p<0.001$）显著相关；性腺与水体中 Cr-Cr（$r=0.27$，$p<0.001$），悬浮物中 Cr-Cr（$r=0.23$，$p<0.001$），沉积物中 Cr-Cr（$r=0.28$，$p<0.001$）显著相关（图 5-7）。而人类活动或自然变量（条件）影响了水环境介质中金属浓度与分布（distribution of MCW, MCSPM, MCS），从理论上推测人类活动会对鱼类组织中金属浓度与分布会产生一定的间接影响。

根据环境库兹涅茨曲线，对于发展中国家来说，在没有达到"收入临界点"之前，社会经济的发展必然导致生态环境质量一定程度的下降。人口的增加势必会加大生产、生活用水，相应带来生产废水、生活污水量的增加；工农业发展带来更多的点/面源污染。尽管我们为生态环境改善付出了诸多努力，如污染减排措施力度与环境治理投入加大，清洁能源开发利用等，但生态环境仍然面临着巨大的挑战（Van Tran et al.，2019；Filimonova et al.，2020）。人类活动如采矿、金属冶炼等带来的金属污染影响范围广、持续时间长。研究指出即使矿山关闭后，较长一段时间内下游水环境仍会受到尾矿造成的 As 污染，产生的粉尘、废气等对周围环境的影响可达 10 km 或更远，且会受到降雨事件带来地表径流的影响（Khaska et al.，2015）。一些由电镀、石油化工和印染等产生富含金属的工业废水、废弃物等进入水体，当这些水资源被用作饮用供水和作物灌溉时就会对人体健康产生巨大风险（Hang et al.，2009；Hsu et al.，2016）。农业生产过程中，化肥以及农药的大量使用也会对土壤和水环境带来一定程度的金属污染，尤其是 Cd、As 和 Pb（Gupta et al.，2008；Atafar et al.，2010）。如一些肥料中存在较高浓度的 Cd，在沙特阿拉伯地区每公顷使用 80 kg 磷肥就可释放出 13 g 的 Cd（Modaihsh et al. 2004）。一些金属如 Cu、Zn 和 Pb 是许多农药的组成成分，这些金属会对土壤造成较高的污染（Ramalho et al.，2000）。在对里约热内卢的一个流域的研究中发现，区域大量农药的使用使得流域土壤、河流和大坝内水体中金属浓度增加，且河流和大坝内水体中 Cd、Mn 和 Pb 浓度超过了巴西立法机构规定的标准限值（Ramalho et al.，2000）。本研究中黄河流域人类活动相关指标如人口密度、平均

GDP、规模以上工业企业数、耕地和不透水地表以及农作物总播种面积占比与水环境介质中部分金属浓度（公因子）呈显著线性正相关关系。这也是我国部分区域社会经济发展引起水环境质量下降（以金属污染为例）的一个宏观层面体现。

坡面林草植被对流域泥沙侵蚀及污染物的入河负荷具有显著的减缓作用，自然和管理良好的人工林草有助于控制土壤侵蚀，可以最大限度地减少径流冲刷，而且通常比农业和其他集约化土地使用投入更少的化肥、杀虫剂和其他化学品（Stolton & Dudley，2007；Paul et al.，2021）。湿地作为生物地球化学过滤器，对入河金属等污染物具有一定的去除和拦截。如在萨凡纳河构建的一个表面流人工湿地处理系统对 Cu、Zn 和 Pb 的去除率分别为 80%、60% 和 70%，且自湿地系统运行以来，没有再发生任何金属超标情况（Knox et al.，2021）。本研究中也发现，草地和湿地两种土地覆盖类型对入河金属污染负荷具有一定的减缓作用。总之，人口增长、社会经济的快速发展加快了金属等污染物的产生，其最终会经过一系列的迁移和转化随着径流或其他方式进入水环境中，并且污染范围逐步扩大（Zhao et al.，2022）。庆幸的是，人类环保意识不断增强，除了一些自然林草植被及环境的自净作用，人为构建的一些污染防控和修复措施对包括金属在内的环境污染起到了有效的减缓和遏制，并且产生了积极的环境效益（Bullock et al.，2011；Cao et al.，2021）。

人类活动带来金属污染进入河流等水体后，还会存在众多的不确定因素，迁移转化等还会受到众多因素的影响。我们无法排除这些因素的影响，因而本研究未直接对人类活动指标与鱼体组织金属浓度之间构建量化关系，结合水环境介质与鱼体金属浓度之间的关系，仅从理论角度推测人类活动带来的社会经济发展对鱼类金属浓度分布可能间接产生负面影响。但需要指出的是，人类活动的加剧，林草植被措施的实施对金属进入水体以及在水体中的迁移转化等是极为复杂的动态过程。水体作为鱼类赖以生存的栖息环境，其体内金属浓度与分布或多或少会受到水环境中金属的影响，在这些过程中，人类活动带来的是间接的负面效应。

7.3 小　　结

本章主要从流域尺度研究人类活动及土地利用状况对水环境介质和鱼类中金属浓度分布的影响，有助于从宏观上理解社会经济发展与生态环境质量之间的关系和过程。首先了解了黄河流域 7 个子流域相关区域 2017 年社会经济和土地覆盖状况。然后通过相关性分析、回归分析以及偏最小二乘法路径模型研究了人类活动和自然变量对黄河水环境介质及鱼类金属浓度分布的影响，主要得到以下结论：

（1）黄河流域不同区域社会经济和土地覆盖状况存在一定差异。由于我国整体收入还未达到环境库兹涅茨曲线中的"临界点",社会经济的发展势必会导致生态环境质量一定程度的下降。子流域Ⅰ所处的黄河源区人口密度低,主要以草地为主,人类活动干扰强度较小。位于上中游的区域工农业较为发达,耕地和草地面积占比较大,可能会为黄河水环境带来一定的面源污染。下游处于河南、山东段,该地区经济发达,人口密集,可能存在包括金属污染等诸多环境问题。

(2)黄河流域人类活动现管指标如人口密度、平均GDP、规模以上工业企业数、耕地和不透水地表以及农作物总播种面积占比与水环境介质中部分金属浓度(公因子)呈显著线性正相关关系。这也是我国部分区域社会经济发展引起水环境质量下降(以金属污染为例)的一个宏观体现。草地和湿地两种土地覆盖类型对入河金属污染负荷具有一定的减缓作用。总之,人口增长、社会经济的快速发展加快了金属等污染物的产生,其最终会经过一系列的迁移和转化随着径流或其他方式进入水环境中,并且污染范围逐步扩大。人为构建的一些污染防控和修复措施对包括金属在内的环境污染起到了一定的减缓作用。

(3)人类活动带来金属污染进入河流等水体后,因存在众多的无法排除的不确定因素,人类活动指标与鱼体组织金属浓度之间可能无直接的量化关系。结合水环境介质与鱼体金属浓度之间的关系,推测人类活动带来的社会经济发展对鱼类金属浓度分布可能间接产生负面效应。

参 考 文 献

江英辉, 谢正磊, 张华, 等. 2017. 赣江流域土地利用结构及社会经济对河流可溶性重金属含量的影响. 环境科学学报, 37(7): 2531-2542.

李华栋, 宋颖, 王倩倩, 等. 2019. 黄河山东段水体重金属特征及生态风险评价. 人民黄河, 41(4): 51-57.

李婷, 吴明辉, 王越, 等. 2020. 人类扰动对重金属元素的生物地球化学过程的影响与修复研究进展. 生态学报, 40(13): 4679-4688.

孙芹芹, 姬厚德, 赵东波, 等. 2020. 闽江下游土地利用格局对河流沉积物中重金属含量的影响. 海洋湖沼通报, 3: 113-119.

陶园, 徐静, 任贺靖, 等. 2021. 黄河流域农业面源污染时空变化及因素分析. 农业工程学报, 37(4): 257-264.

张金萍, 肖宏林. 2020. 黄河流域灌区农业用水研究发展历程与展望. 灌溉排水学报, 39(10): 9-17.

中华人民共和国水利部. 2018. 中国水土保持公报(2018年). http://www.mwr.gov.cn/sj/tjgb/zgstbcgb/201908/t20190820_1353674.html.

左其亭, 张志卓, 李东林, 等. 2021. 黄河河南段区域划分及高质量发展路径优选研究框架. 南水北调与水利科技, 19(2): 209-216.

Abraham W R. 2011. Megacities as sources for pathogenic bacteria in rivers and their fate downstream. International Journal of Microbiology, 1-13.

Abuduwaili J, Zhang Z Y, Jiang F Q. 2015. Assessment of the distribution, sources and potential ecological risk of heavy metals in the dry surface sediment of Aibi Lake in Northwest China. PLoS One, 10(3): e0120001.

Atafar Z, Mesdaghinia A, Nouri J, et al. 2010. Effect of fertilizer application on soil heavy metal concentration. Environmental Monitoring and Assessment, 160(1): 83-89.

Bullock J M, Aronson J, Newton A C, et al. 2011. Restoration of ecosystem services and biodiversity: Conflicts and opportunities. Trends in Ecology & Evolution, 26 (10): 541-549.

Cao S X, Xia C Q, Suo X H, et al. 2021. A framework for calculating the net benefits of ecological restoration programs in China. Ecosystem Services, 50: 101325.

Davis H T, Aelion C M, Lawson A B, et al. 2014. Associations between land cover categories, soil concentrations of arsenic, lead and barium, and population race/ethnicity and socioeconomic status. Science of the Total Environment, 490: 1051-1056.

Filimonova I V, Provornaya I V, Komarova A V, et al. 2020. Influence of economic factors on the environment in countries with different levels of development. Energy Reports, 6 (1): 27-31.

Förstner U, Wittmann G T. 2012. Metal Pollution in the Aquatic Environment. Berlin Heidelberg: Springer.

Gupta N, Khan D K, Santra S C. 2008. An assessment of heavy metal contamination in vegetables grown in wastewater-irrigated areas of Titagarh, West Bengal, India. Bulletin of Environmental Contamination and Toxicology, 80 (2): 115-118.

Hang X, Wang H, Zhou J, et al. 2009. Characteristics and accumulation of heavy metals in sediments originated from an electroplating plant. Journal of Hazardous Materials, 163 (2-3): 922-930.

Hsu L C, Huang C Y, Chuang Y H, et al. 2016. Accumulation of heavy metals and trace elements in fluvial sediments received effluents from traditional and semiconductor industries. Scientific Reports, 6 (1): 1-12.

Khan M N, Mobin M, Abbas Z K, et al. 2018. Fertilizers and their contaminants in soils, surface and groundwater. Encyclopedia of the Anthropocene, 5: 225-240.

Khaska M, La Salle C L G, Verdoux P, et al. 2015. Tracking natural and anthropogenic origins of dissolved arsenic during surface and groundwater interaction in a post-closure mining context: Isotopic constraints. Journal of Contaminant Hydrology, 177-178: 122-135.

Knox A S, Paller M H, Seaman J C, et al. 2021. Removal, distribution and retention of metals in a constructed wetland over 20 years. Science of the Total Environment, 796: 149062.

Liu J G, Hull V, Carter N H, et al. 2016. Framing Sustainability of Couple Human and Natural Systems. In: Liu J G, Hull V, Yang W, et al. Pandas and People: Coupled Human and Natural Systems for Sustainability. Oxford: Oxford University Press, 15-32.

Mays P A, Edwards G S. 2001. Comparison of heavy metal accumulation in a natural wetland and constructed wetlands receiving acid mine drainage. Ecological Engineering, 16 (4): 487-500.

Modaihsh A S, Al-Swailem M S, Mahjoub M O. 2004. Heavy metals content of commercial inorganic fertilizers used in the Kingdom of Saudi Arabia. Journal of Agricultural and Marine Sciences, 9 (1): 21-25.

Mucha A P, Vasconcelos M T, Bordalo A A. 2003. Macrobenthic community in the Douro estuary: Relations with trace metals and natural sediment characteristics. Environmental Pollution, 121 (2): 169-180.

Nouri J, Mahvi A H, Jahed G R, et al. 2008. A regional distribution pattern of groundwater heavy metals resulting from agricultural activities. Environmental Geology, 55: 1337-1343.

Paul V, Sankar M S, Vattikuti S, et al. 2021. Pollution assessment and land use land cover influence on trace metal distribution in sediments from five aquatic systems in southern USA. Chemosphere, 263: 128243.

Ramalho J F G P, Sobrinho N M B, Velloso A C X. 2000. Heavy metals contamination of a watershed in Caetés by the use of agrochemicals. Pesquisa Agropecuária Brasileira, 35 (7): 1289-1303.

Stolton S, Dudley N. 2007. Managing forests for cleaner water for urban populations. Unasylva, 58 (4): 39-43.

Su S L, Li D, Zhang Q, et al. 2011. Temporal trend and source apportionment of water pollution in different functional zones of Qiantang River, China. Water Research, 45 (4): 1781-1795.

Sun C, Wei Q, Ma L X, et al. 2017. Trace metal pollution and carbon and nitrogen isotope tracing through the Yongdingxin River estuary in Bohai Bay, Northern China. Marine Pollution Bulletin, 115 (1-2): 451-458.

Suthar S, Sharma J, Chabukdhara M, et al. 2010. Water quality assessment of river Hindon at Ghaziabad, India: impact of industrial and urban wastewater. Environmental Monitoring and Assessment, 165 (1): 103-112.

Van Tran N, Van Tran Q, Do L T T, et al. 2019. Trade off between environment, energy consumption and human development: Do levels of economic development matter? Energy, 173: 483-493.

Vareda J P, Valente A J, Durães L. 2019. Assessment of heavy metal pollution from anthropogenic activities and remediation strategies: A review. Journal of Environmental Management, 246: 101-118.

Yang Y, Li X Y, Dong W, et al. 2019. Assessing China's human-environment relationship. Journal of Geographical Sciences, 29 (8): 1261-1283.

Yuan F F, Berndtsson R, Zhang L, et al. 2015. Hydro climatic trend and periodicity for the source region of the Yellow River. Journal of Hydrologic Engineering, 20 (10): 05015003.

Zhang G L, Bai J L, Xiao R, et al. 2017. Heavy metal fractions and ecological risk assessment in sediments from urban, rural and reclamation affected rivers of the Pearl River Estuary, China. Chemosphere, 184: 278-288.

Zhao S, Wang J H, Feng S J, et al. 2022. Effects of ecohydrological interfaces on migrations and transformations of pollutants: A critical review. Science of the Total Environment, 804: 150140.

Zhou H K, Zhao X Q, Tang Y H, et al. 2005. Alpine grassland degradation and its control in the source region of the Yangtze and Yellow Rivers, China. Grassland Science, 51 (3): 191-203.

附 录

附录1 国外部分主要河流水系水体、悬浮物和沉积物中痕量金属数据文献来源

[1] Abdel-Satar A M, Ali M H, Goher M E. 2017. Indices of water quality and metal pollution of Nile River, Egypt. The Egyptian Journal of Aquatic Research, 43 (1): 21-29.

[2] Osman A G, Kloas W. 2010. Water quality and heavy metal monitoring in water, sediments, and tissues of the African Catfish *Clarias gariepinus* (Burchell, 1822) from the River Nile, Egypt. Journal of Environmental Protection, 1 (4): 389-400.

[3] Abdel-Moati A R. 1990. Speciation and behavior of arsenic in the Nile Delta lakes. Water, Air, and Soil Pollution, 51 (1): 117-132.

[4] Lasheen M R. 1987. The distribution of trace metals in Aswan high dam reservoir and River Nile ecosystems. *In*: Hutchinson T C, Meema K M. Lead, Mercury, Cadmium and Arsenic in the Environment. New York: John Wiley & Sons.

[5] Dekov V M, Komy Z, Araujo F, et al. 1997. Chemical composition of sediments, suspended matter, river water and ground water of the Nile (Aswan-Sohag traverse). Science of the Total Environment, 201 (3): 195-210.

[6] Goher M E, Ali M H, El-Sayed S M. 2019. Heavy metals contents in Nasser Lake and the Nile River, Egypt: An overview. The Egyptian Journal of Aquatic Research, 45 (4): 301-312.

[7] Badawy W M, Duliu, O G, Frontasyeva M V, et al. 2020. Dataset of elemental compositions and pollution indices of soil and sediments: Nile River and delta- Egypt. Data in Brief, 28: 105009.

[8] Anishchenko O V, Gladyshev M I, Kravchuk E S, et al. 2009. Distribution and migration of metals in trophic chains of the Yenisei ecosystem near Krasnoyarsk City. Water Resources, 36 (5): 594-603.

[9] Dementyev D V, Bolsunovsky A Y. 2015.Concentrations of heavy metals in bottom sediments of the Yenisei river near Krasnoyarsk. Bulletin of the Tomsk Politechnic University, 326 (5): 91-98.

[10] Demina L L, Levitan M A, Politova N V. 2006. Speciation of some heavy metals in bottom sediments of the Ob and Yenisei estuarine zones. Geochemistry International, 44 (2): 182-195.

[11] Gordeev V V, Rachold V, Vlasova I E. 2004. Geochemical behaviour of major and trace elements in suspended particulate material of the Irtysh river, the main tributary of the Ob river, Siberia. Applied Geochemistry, 19 (4): 593-610.

[12] Bradley S, Woods W L. 1997. Cd, Cr, Cu, Ni and Pb in the water column and sediments of the Ob-Irtysh Rivers, Russia. Marine Pollution Bulletin, 35 (7-12): 270-279.

[13] Strady E, Dinh Q T, Némery J, et al. 2017. Spatial variation and risk assessment of trace metals in water and sediment of the Mekong Delta. Chemosphere, 179: 367-378.

[14] Hölemann J A, Schirmacher M, Prange A. 2005. Seasonal variability of trace metals in the Lena River and the southeastern Laptev Sea: Impact of the spring freshet. Global and Planetary Change, 48 (1-3): 112-125.

[15] Martin J M, Guan D M, Elbaz-Poulichet F, et al. 1993. Preliminary assessment of the distributions of some trace elements (As, Cd, Cu, Fe, Ni, Pb and Zn) in a pristine aquatic environment: the Lena River estuary (Russia). Marine Chemistry, 43, 185-199.

[16] Guieu C, Huang W W, Martin J M, et al. 1996. Outflow of trace metals into the Laptev Sea by the Lena River. Marine Chemistry, 53 (3-4): 255-267.

[17] Nolting R F, van Dalen M, Helder W. 1996. Distribution of trace and major elements in sediment and pore waters of the Lena Delta and Laptev Sea. Marine Chemistry, 53 (3-4): 285-299.

[18] Demina L L, Galkin S V. 2018. Ecology of the bottom fauna and bioaccumulation of trace metals along the Lena River-Laptev Sea transect. Environmental Earth Sciences, 77 (2): 1-10.

[19] Kakulu S E, Osibanjot O. 1992. Pollution studies of Nigerian rivers: Trace metal levels of surface waters in the Niger delta area. International Journal of Environmental Studies, 41 (3-4): 287-292.

[20] Howard I C, Olulu B A. 2012. Metal pollution indices of surface sediment and water from the upper reaches of Sombriero river, Niger delta, Nigeria. Our Nature, 10 (1): 206-216.

[21] Ibanga L B, Nkwoji J A, Usese A I, et al. 2019. Hydrochemistry and heavy metals concentrations in sediment of Woji creek and Bonny estuary, Niger Delta, Nigeria. Regional Studies in Marine Science, 25: 100436.

[22] Ilie M, Marinescu F, Ghita G, Deak G Y, et al. 2014. Assessment of heavy metal in water and sediments of the Danube River. Journal of Environmental Protection and Ecology, 15 (3): 825-833.

[23] Ivanović J, Janjić J, Baltić M, et al. 2016. Metal concentrations in water, sediment and three fish species from the Danube River, Serbia: A cause for environmental concern. Environmental Science and Pollution Research, 23 (17): 17105-17112.

[24] Woitke P, Wellmitz J, Helm D, et al. 2003. Analysis and assessment of heavy metal pollution in suspended solids and sediments of the river Danube. Chemosphere, 51 (8): 633-642.

[25] Singh K P, Mohan D, Singh V K, et al. 2005. Studies on distribution and fractionation of heavy metals in Gomti river sediments: A tributary of the Ganges, India. Journal of Hydrology, 312 (1-4): 14-27.

[26] Aktar M W, Paramasivam M, Ganguly M, et al. 2010. Assessment and occurrence of various heavy metals in surface water of Ganga river around Kolkata: A study for toxicity and ecological impact. Environmental Monitoring and Assessment, 160 (1): 207-213.

[27] Jha P K, Subramanian V, Sitasawad R, V, et al. 1990. Heavy metals in sediments of the Yamura

River (a tributary of the Ganges), India. Science of the Total Environment, 95: 7-27.

[28] Singh M, Müller G, Singh I B. 2003. Geogenic distribution and baseline concentration of heavy metals in sediments of the Ganges River, India. Journal of Geochemical Exploration, 80 (1): 1-17.

[29] Bhatnagar M K, Singh R, Gupta S, et al. 2013. Study of tannery effluents and its effects on sediments of river Ganga in special reference to heavy metals at Jajmau, Kanpur, India. Journal of Environmental Research and Development, 8 (1): 56-59.

[30] Avigliano E, Clavijo C, Scarabotti P, et al. 2019. Exposure to 19 elements via water ingestion and dermal contact in several South American environments (La Plata Basin): From Andes and Atlantic Forest to sea front. Microchemical Journal, 149: 103986.

[31] Avigliano E, Monferrán M V, Sánchez S, et al. 2019. Distribution and bioaccumulation of 12 trace elements in water, sediment and tissues of the main fishery from different environments of the La Plata basin (South America): Risk assessment for human consumption. Chemosphere, 236: 124394.

[32] Tatone L M, Bilos C, Skorupka C N, et al. 2015. Trace metal behavior along fluvio-marine gradients in the Samborombón Bay, outer Río de la Plata estuary, Argentina. Continental Shelf Research, 96: 27-33.

[33] Muniz P, Marrero A, Brugnoli E, et al. 2019. Heavy metals and As in surface sediments of the north coast of the Río de la Plata estuary: Spatial variations in pollution status and adverse biological risk. Regional Studies in Marine Science, 28: 100625.

附录2　中国七大河流水系水体、悬浮物和沉积物中痕量金属数据文献来源

[1] Wu B, Zhao D Y, Jia H Y, et al. 2009. Preliminary risk assessment of trace metal pollution in surface water from Yangtze River in Nanjing Section, China. Bulletin of Environmental Contamination and Toxicology, 82 (4): 405-409.

[2] Müller B, Berg M, Yao Z P, et al. 2008. How polluted is the Yangtze river? Water quality downstream from the Three Gorges Dam. Science of the Total Environment, 402 (2-3): 232-247.

[3] Qiao S Q, Yang Z H, Pan Y J, et al. 2007. Metals in suspended sediments from the Changjiang (Yangtze River) and Huanghe (Yellow River) to the sea, and their comparison. Estuarine, Coastal and Shelf Science, 74 (3): 539-548.

[4] 李云峰, 袁旭音, 李兵, 等. 2010. 长江下游重金属在水相-悬浮物中的分布与输移. 安徽农业科学, 38 (6): 3098-3101, 3124.

[5] Yi Y J, Yang Z F, Zhang S H. 2011. Ecological risk assessment of heavy metals in sediment and human health risk assessment of heavy metals in fishes in the middle and lower reaches of the Yangtze River basin. Environmental Pollution, 159 (10): 2575-2585.

[6] Zhang W G, Feng H, Chang J N, et al. 2009. Heavy metal contamination in surface sediments of Yangtze River intertidal zone: An assessment from different indexes. Environmental Pollution, 157 (5): 1533-1543.

[7] 马小玲. 2016. 黄河甘宁蒙段水体重金属含量水平及污染评价研究. 北京: 中央民族大学硕士学位论文.

[8] Zhang J, Huang W W, Wang J H. 1994. Trace-metal chemistry of the Huanghe (Yellow River), China-examination of the data from *in situ* measurements and laboratory approach. Chemical Geology, 114 (1-2): 83-94.

[9] Gao X L, Zhou F X, Chen C T A, et al. 2015. Trace metals in the suspended particulate matter of the Yellow River (Huanghe) Estuary: Concentrations, potential mobility, contamination assessment and the fluxes into the Bohai Sea. Continental Shelf Research, 104: 25-36.

[10] Yan N, Liu W B, Xie H T, et al. 2016. Distribution and assessment of heavy metals in the surface sediment of Yellow River, China. Journal of Environmental Sciences, 39: 45-51.

[11] Liu H Q, Liu G J, Da C N, et al. 2015. Concentration and fractionation of heavy metals in the Old Yellow River Estuary, China. Journal of Environmental Quality, 44 (1): 174-182.

[12] Long S X, Hamilton P B, Dumont H J, et al. 2019. Effect of algal and bacterial diet on metal bioaccumulation in zooplankton from the Pearl River, South China. Science of the Total Environment, 675: 151-164.

[13] Geng J J, Wang Y P, Luo H J. 2015. Distribution, sources, and fluxes of heavy metals in the Pearl River Delta, South China. Marine Pollution Bulletin, 101 (2): 914-921.

[14] 杜佳, 王永红, 黄清辉, 等. 2019. 珠江河口悬浮物中重金属时空变化特征及其影响因素. 环境科学, 40 (2): 625-632.

[15] Duan D D, Ran Y R, Cheng H F, et al. 2014. Contamination trends of trace metals and coupling with algal productivity in sediment cores in Pearl River Delta, South China. Chemosphere, 103: 35-43.

[16] Wang J, Liu G J, Liu H Q, et al. 2017. Multivariate statistical evaluation of dissolved trace elements and a water quality assessment in the middle reaches of Huaihe River, Anhui, China. Science of the Total Environment, 583: 421-431.

[17] Yang J Q, Wan Y, Li J J, et al. 2018. Spatial distribution characteristics and source identification of heavy metals in river waters of the Huaihe River Basin, China. Marine and Freshwater Research, 69 (5): 840-850.

[18] Fang T, Lu W X, Hou G J, et al. 2019. Fractionation and ecological risk assessment of trace metals in surface sediment from the Huaihe River, Anhui, China. Human and Ecological Risk Assessment, 26 (1): 147-161.

[19] Wang J, Liu G J, Lu, L L, et al. 2016. Metal distribution and bioavailability in surface sediments from the Huaihe River, Anhui, China. Environmental Monitoring and Assessment, 188 (1): 1-13.

[20] Cao Y X, Lei K, Zhang X, et al. 2018. Contamination and ecological risks of toxic metals in the

[21] Peng S T, Lei T, Zhou R, et al. 2016. Long-term heavy metals pollution and health risk assessment in the Haihe River, China. Fresenius Environmental Bulletin, 25 (10): 3837-3846.

[22] 史香爽. 2014. 海河干流水体中重金属元素地球化学及时空分布特征. 天津: 天津师范大学硕士学位论文.

[23] Yang X, Wang Z L. 2017. Distribution of dissolved, suspended, and sedimentary heavy metals along a salinized river continuum. Journal of Coastal Research, 33 (5): 1189-1195.

[24] Zhang J, Huang W W, Liu M G, et al. 1994. Eco-social impact and chemical regimes of large Chinese rivers: A short discussion. Water Research, 28 (3): 609-617.

[25] Tang W Z, Zhao Y, Wang C, et al. 2013. Heavy metal contamination of overlying waters and bed sediments of Haihe Basin in China. Ecotoxicology and Environmental Safety, 98: 317-323.

[26] Zeng S Y, Dong X, Chen J N. 2013. Toxicity assessment of metals in sediment from the lower reaches of the Haihe River Basin in China. International Journal of Sediment Research, 28 (2): 172-181.

[27] 陆继龙, 郝立波, 赵玉岩, 等. 2009. 第二松花江中下游水体重金属特征及潜在生态风险. 环境科学与技术, 32 (5): 168-172.

[28] 郝立波, 孙立吉, 陆继龙, 等. 2010. 第二松花江中上游悬浮物重金属元素分布特征. 吉林大学学报 (地球科学版), 40 (2): 327-330, 336.

[29] Li N, Tian Y, Zhang J, et al. 2017. Heavy metal contamination status and source apportionment in sediments of Songhua River Harbin region, Northeast China. Environmental Science and Pollution Research, 24 (4): 3214-3225.

[30] 林春野, 何孟常, 李艳霞, 等. 2008. 松花江沉积物金属元素含量、污染及地球化学特征. 环境科学, 8: 2123-2130.

[31] Wang H, Sun L N, Liu Z, et al. 2017. Spatial distribution and seasonal variations of heavy metal contamination in surface waters of Liaohe River, Northeast China. Chinese Geographical Science, 27 (1): 52-62.

[32] 姚晓飞. 2011. 南沙河、凉水河重金属污染分析及其运移规律研究. 北京: 北京交通大学硕士学位论文.

[33] 张雷, 秦延文, 马迎群, 等. 2014. 大辽河感潮段及其近海河口重金属空间分布及污染评价. 环境科学, 35 (9): 3336-3345.

[34] He Y, Meng W, Xu J, et al. 2015. Spatial distribution and toxicity assessment of heavy metals in sediments of Liaohe River, Northeast China. Environmental Science and Pollution Research, 22 (19): 14960-14970.

[35] Li H J, Ye S, Ye J Q, et al. 2017. Baseline survey of sediments and marine organisms in Liaohe Estuary: Heavy metals, polychlorinated biphenyls and organochlorine pesticides. Marine Pollution Bulletin, 114 (1): 555-563.